# 住宅设计与施工指南

## ——装修攻略

孙培都　主编

中国建筑工业出版社

图书在版编目（CIP）数据

住宅设计与施工指南：装修攻略 / 孙培都主编 . — 北京：中国建筑工业出版社，2019.11

ISBN 978-7-112-24249-8

Ⅰ . ①住… Ⅱ . ①孙… Ⅲ . ①住宅—室内装修—建筑设计—指南②住宅—室内装修—建筑施工—指南 Ⅳ . ① TU767.7-62

中国版本图书馆 CIP 数据核字（2019）第 217764 号

责任编辑：杨　杰　李春敏
责任校对：王　瑞

**住宅设计与施工指南——装修攻略**
孙培都　主编
　＊
中国建筑工业出版社出版、发行（北京海淀三里河路 9 号）
各地新华书店、建筑书店经销
北京点击世代文化传媒有限公司制版
北京缤索印刷有限公司印刷
　＊
开本：787×960 毫米　1/16　印张：12½　字数：251 千字
2019 年 12 月第一版　2019 年 12 月第一次印刷
定价：58.00 元
ISBN 978-7-112-24249-8
　　（34764）

## 编审委员会

主　　　任：王国彬
常务副主任：王国春　聂金津
副　主　任：王　岩　董　乐　黄志猛　侯　青　汪海峰
　　　　　　陈　星　梁宗权

## 编写委员会

主　　编：孙培都
参编委员：(排名不分先后)
　　　　　汪增明　李善军　吴照春　姚　彬　曾九江　周志威　吴少为
　　　　　许　飞　任登峰　吕文堂　刘　超　王海鹰　刘增美

## 工作组

闻晓伍　丁京龙　张志坚　李聪灵　冀延娥　申君瑜　郑楚彬

## 主编单位

深圳市彬讯科技有限公司 (土巴兔)

## 特邀副主编单位

东易日盛家居装饰集团股份有限公司

## 副主编单位 (排名不分先后)

北京佳时特装饰工程有限公司
深圳市圳星装饰设计工程有限公司
北京克洛尼装饰有限公司
贵州快乐佳园装饰工程有限公司
广州市两手硬装饰工程有限公司
广州轩怡装饰设计工程有限公司
上海大显设计装饰工程有限公司

上海质鼎建筑装饰工程有限公司
北京紫钰装饰设计有限公司
北京意匠速装科技有限公司

**参编单位**（排名不分先后）

浙江优泽装饰设计工程有限公司
昆明云傲装饰工程有限公司
南京美全装饰工程有限公司

# 前　言

为不断提高全国住宅装饰装修行业的设计师、质检人员、施工人员、建材从业人员的整体技术素质，根据家装行业的发展需要。我们结合全国建筑装饰装修行业采用的室内各种设计专业知识以及施工工艺、验收规范、环保标准等相关内容，在吸收国内先进经验的基础上，组织编写了《住宅设计与施工指南——装修攻略》一书。

本书包括了住宅装饰设计，家装水电项目设计，住宅装修污染预防与治理，住宅设计案例与全装修套餐，施工合同与质量检测，通用工程管理制度，家装质检技能与质量缺陷解析，住宅室内设计与施工知识问答、试卷，共计八章。

本书在编写时，以住宅装饰装修发展 20 多年设计、施工管理内容为依据，注重设计实践技能的提高，归纳工程质量管理基本理论知识。比较全面介绍住宅家装与建筑的关系。突出讲述家装设计风格在实际市场中的应用效果，并用部分实际设计案例说明行业的发展脉络。

根据住宅家装、室内工装岗位的专业要求，增加了安全生产、文明施工、产品保护、质量验收、绿色环保、培训试卷等内容。

本书主要用做装饰装修企业培训学习，职业技术学院、专业职高单位教学参考书。本书还可以作为全国开展建设装饰职业技能岗位培训的辅助教材。由于本书中有不少家装知识内容，目前尚缺少成型、成熟的书籍和正式的文件资料，故在本书编写的某些技术内容、知识表述上，会有不足之处。虽然本书经过多次修改，但仍不能避免有疏漏。希望住宅装饰装修行业的专家、企业管理者、家装设计精英、监理工程师等，以及广大的读者不吝赐教，提出指正建议。我们真诚希望与你们携手，为发展建筑装饰行业科学技术进步，一起作出贡献。

本书在编写过程中，受到许多装饰装修行业的专家、参编委员的积极支持，审查人员付出了辛勤的劳动。在此，对以上专家、委员、编辑、出版社工作人员的大力帮助，表示衷心的感谢。

2019.9

# 目　录

# 1 住宅装饰设计

1.住宅装饰设计原则

（1）住宅设计的功能属性

功能性是住宅设计最基本的目标，是设计一套满足业主在生活居住、学习、工作、交往会客、休息等方面，可实施的装修图纸方案。

（2）家装设计方案的主要特性

1）整体特性

住宅空间整体存在形式上的创造，强调居室装饰效果。包括建筑房屋结构改造、家具家电、室内陈设的全部设计。

2）科学技术特性

住宅设计是塑造空间的一个系统工程。它要依赖技术手段，综合各个学科知识和社会化产品应用，最终实现设计创意的施工方案。包括居住环境改造、使用功能、材料、水电工程、暖通、工艺、光学、声学、环保知识等制造技术。

3）人文特性

住宅设计必须要适合业主的需求，为业主尽量打造一个符合他们生活方式、使用习惯、社会地位、文化背景的生活居所。并且，还能体现业主个人喜好、历史轨迹、职业特征的住宅环境。

2.住宅装饰设计时代特点

住宅装修装饰都有自身的特点，但这个特点又有明显的规律性和时代性。把一个时代的建筑室内装饰特点以及规律性的特色精华提炼、总结、归纳出来，就称之为住宅装饰风格。喜爱建筑文化的志士仁人，从事装饰业的人员，应该具有住宅装饰风格的专业知识。了解掌握住宅室内装饰装修设计表达元素和手法，才能对设计风格有更深入的理解、掌握、选择、应用。对于建筑住宅室内设计师，应有更高的理论知识水平和实践经验，才能服务好对住宅室内装饰艺术有追求的业主。

## 1.1 装饰风格流派

1. 装饰风格的起源

住宅装饰风格是指住宅各个方面造型及家具造型的表现形式。装饰风格古已有之。中国有中国古典式的传统风格，西方有西方古典式的传统风格。而每一种典型风格的形成与地理位置、民族特点、生活方式、文化潮流、风俗习惯、宗教信仰有密切关系。由此而产生的传统装饰风格，具有很强的文化表达性和鲜明的特色元素。在这些表现形式的室内空间里，可使身临其境的人感受到装饰风格的强烈感染力。装饰风格能够创造出各种住宅环境气氛，使人领略到古典的、现代的、西方式的、中式传统的室内装饰整体美感。

2. 装饰风格作用

现在无论是中国古典，还是西方古典、现代流派的装饰风格，都已被世界所共同接受，成为指导装饰设计和施工的技术知识。在现代住宅装饰中，运用不同的装饰风格来创造具有鲜明时代气息和浓郁文化特色，突出表现住宅装饰美，已成为装饰业的必然趋势。可以说，装饰风格是住宅装饰的灵魂，是装饰之歌的主旋律。

对于从事住宅装饰业的人员来说，"住宅装饰风格"是应学习的基本知识。了解和学习装饰风格知识，将会对看懂图纸、了解设计意图有很大帮助，使自身素质进一步提高。对于装饰工程人员来说，应必须较好地掌握室内装饰风格的知识，更透彻地领会设计意图，以便更正确合理地指挥工程施工，处理装饰工程施工中出现的各种问题。

3. 装饰风格的主要流派

住宅装饰风格主要分为东方风格与西洋风格两大类。东方风格主要有中国古典风格、日朝风格、东南亚风格、伊斯兰风格。西洋风格主要有欧式古典风格和欧式现代风格。

东方风格主要以中国明清传统风格、日本明治时期风格、南亚国家的风格和西亚伊斯兰国家的风格为代表。西洋风格种类较多。欧洲早期的有罗马式、哥德式，中世纪以巴洛克式、洛可可式为代表。19世纪以来又出现了新古典主义、现代主义和后现代主义等风格流派。

现代主义住宅装饰是近代工业化大生产的发展以及混凝土建筑出现之后所涌现出的流派。现代主义强调使用功能以及造型简化和单纯化。随着社会的前进，到60年代开始出现了后现代主义流派。后现代主义强调室内装饰效果，推崇多样化，反对简单化和模式化，追求设计特色和室内意境。后现代主义的室内装饰表现形式主要有两种手法：一种是将古典的传统的室内造型式样，用新的手法加以组合；另一种是将传统住宅造型式样与现代式样加以混合。

在西洋风格中，最有代表性的是巴洛克式和洛可可式。现代的众多装饰式样都是在其基础上发展起来，或者具有这两种风格的明显特征。因此，这两种风格将是学习住宅装饰的重点。

## 1.2　建筑对装饰的深远影响

1. 西方建筑拜占庭风格

拜占庭式建筑的艺术形式，以基督教为背景。该建筑具有鲜明的宗教色彩，中心结构是主穹窿，控制整个建筑，并以不同形式与辅助拱结合，创造出丰富的内部空间组合。其突出特点是屋顶的圆形。产生时间是在 4 ~ 6 世纪，建筑体以"方基"加"圆顶结构"。装饰以几何碎锦图案，达到庄严、宏伟、精致的艺术效果。这种在元素效果的精髓在室内装饰中有大量传承下来（图 1-1、图 1-2）。

图 1-1　圣索菲亚大教堂

图 1-2　圆顶

2. 罗马风格

罗马建筑是古罗马人沿袭过去优秀的建筑技术，继承古希腊建筑成就，在建筑型制、技术和艺术方面广泛创新的一种建筑风格。古罗马建筑在公元 1 ~ 3 世纪为极盛时期，达到西方古代建筑的高峰。

罗马建筑的经典类型很多。有罗马万神庙、维纳斯等宗教建筑，也有皇宫、剧场角斗场，以及广场等公共建筑。居住建筑有内庭式与围柱式院相结合的住宅（图 1-3、图 1-4）。

图 1-3　罗马斗兽场

图 1-4　罗马万神庙

　　在欧洲 10 ~ 12 世纪，古罗马建筑能满足各种复杂的功能要求，主要依靠水平很高的拱券结构，获得宽阔的内部空间。建筑上半部分采用圆柱、方柱支持，用各色花岗石、大理石、石条、镶嵌图案完成，凸显宏伟、肃穆的装饰效果。罗马万神庙艺术贡献是罗马柱，因此得名流传开来。

　　3. 哥特风格

　　哥特式建筑是以法国为中心发展起来的。在欧洲 12 ~ 15 世纪时，社会上开始产生新型建筑大发展，它以巴黎圣母院为代表。哥特式建筑是尖塔高耸、尖形拱门、大窗户及绘有圣经故事的花窗玻璃。在设计中利用尖肋拱顶、飞扶壁、修长的束柱，营造出轻盈修长的飞天感。以及新的框架结构以增加支撑顶部的力量，使整个建筑以直升线条、雄伟的外观和内空阔空间，再结合镶着彩色玻璃的长窗，使建筑内产生一种浓厚的宗教气氛。教堂的平面仍基本为拉丁十字形，但其西端门的两侧增加一对高塔（图 1-5、图 1-6）。

图 1-5　巴黎圣母院侧面

图 1-6　巴黎圣母院

哥特式建筑的总体风格特点是:空灵、纤瘦、高耸、尖峭。尖峭的形式是尖券、尖拱技术的结晶;高耸的墙体,则包含着斜撑技术、扶壁技术的功绩。而那空灵的意境和垂直向上的形态,则是基督教精神内涵的最确切的表述。整个建筑体表现长方形基本结构,尖顶、尖塔、飞拱墙,充满高贵、华美的装饰效果。欧洲哥特式的宫廷贵族的古堡建筑如图1-7、图1-8所示。

图1-7 埃尔兹城古堡

图1-8 欧洲小古堡

## 1.3 西洋装饰风格

### 1.3.1 巴洛克式装饰风格

(1)巴洛克风格的含义

巴洛克一词的原意是"扭曲的珍珠"。巴洛克风格创始于意大利,在17世纪初,经文艺复兴的意大利以浪漫主义作为形式设计基础,创造了在室内装饰造型上的新风格,这种新风格是对古希腊、古罗马建筑艺术的进一步发展。在室内装饰上发生了根本性的变化。巴洛克建筑特点是外形自由,追求动态,喜好富丽的装饰和雕刻以及强烈的色彩,常用穿插的曲面和椭圆形空间。巴洛克风格创立后逐步影响了整个欧洲。法国在路易十四时期,开始接受意大利巴洛克风格,创始了法国的巴洛克风格,并逐步加以改进,从而取得了欧洲装饰设计的领导地位。巴洛克风格在运用直线的同时强调线型的流动变化,造型具有多重繁复的装饰线条。线条以直线条为主,雕刻复式曲线条和雕刻件作为点缀。直线条较厚重,多采用高档木材制作,雕刻件端庄华丽、古雅讲究。墙面以框格造型为主,并常用半圆或方柱衬托,框架中或镶有大型镜面,或镶嵌大理石,框格的材料通常是贵重木材。顶棚角线则以多重线条组合而成。

(2)艺术特质

1)它有豪华的特色,既有宗教的特色又有室内享乐主义的色彩。

5

2）它是一种激情的建筑艺术，打破了理性的宁静和谐，具有浓郁的浪漫主义色彩，非常强调艺术家的丰富想象力。

3）它极力强调运动，运动与变化可以说是巴洛克艺术的灵魂。

4）它很关注作品的空间感和立体感。

5）它的综合性，巴洛克艺术强调艺术形式的综合手段，例如在建筑上重视建筑与雕刻、绘画的综合，此外，巴洛克艺术也吸收了文学、戏剧、音乐等领域里的一些因素和想象。

6）它有着浓重的宗教色彩，宗教题材在巴洛克艺术中占有主导的地位。

（3）大多数巴洛克的建筑艺术家有远离生活和时代的倾向，如在一些建筑天顶画中，人的形象变得微不足道，如同是一些花纹。

1）善用动势：不管是实际的，如波形的墙面或不断变化的喷射状的喷泉；还是含蓄的，如描绘成充满活力或动作显著的人物。

2）强调室内光线：设计一种人为光线，而非自然的光，产生一种戏剧性气氛，创造比文艺复兴更有立体感、深度感、层次感的空间。造成轮廓线模糊，构图有机化，而有整体感。追求戏剧性、夸张、透视的效果。不拘泥各种不同艺术形式之间的界线，将建筑、绘画、雕塑等艺术形式融为一体。当时人们认为巴洛克的华丽、炫耀的风格是对文艺复兴风格的一种改变，人们已经公认，巴洛克是欧洲一种伟大的艺术风格。

（4）巴洛克设计手法

1）炫耀财富夸张，大量使用贵重的材料，充满了装饰，色彩艳丽，一身贵族珠光宝气。

2）追求新奇，标新立异，前所未见的建筑形象和手法层出不穷。而创新的主要路径是赋予建筑实体和空间以动态，或者波折流转，或者少乱冲突；其次，打破建筑、雕塑和绘画的界限，使它们相互渗透；再次，则是不顾结构逻辑，采用非理性的组合，取得反常的幻觉效果。

3）趋向自然：在罗马郊外兴建了许多别墅，园林艺术有所发展。在城里造了一些开敞的广场。建筑也渐渐开敞，并在装饰中增加了自然材料。

4）城市和建筑：常有一种庄严隆重、刚劲有力，然而又充满欢乐的兴致勃勃的气氛。

（5）巴洛克风格的造型形式

巴洛克风格的造型主要分为墙面造型、柱位造型、门造型、壁炉位造型、窗及窗帘盒造型、顶棚造型等，而这些造型都具有共同的特点，造型的形式有着内在的统一性和连贯性。对巴洛克风格造型形式的了解，就能够在西式装饰工程施工中，正确地处理各部位造型比例、尺寸、式样之间互相关系（图1-9）。

1）巴洛克风格的天棚造型

巴洛克风格的天棚特点是造型厚重，配以多重的浮雕装饰线和浮雕花盘，天棚构成的样式以方形和方圆形结合为主（图1-10）。

图1-9　建筑室内大厅

图1-10　天棚

2）墙面造型

巴洛克风格的墙面多采用大理石或高档木板为基本面。再配以雕刻石件或雕刻木件，并用高档木线条来组合造型。其墙面的造型形式通常为方框或长方框形，木线条组合的造型比较厚重，给人以庄严稳重之感。墙面与顶棚之交接部位，常用宽大的刻花线条来承上启下。

3）柱位造型

巴洛克风格柱位造型由柱身、柱头、柱脚三部分组成。柱身为圆形或方形，柱身表面有内凹的半圆槽，标准圆柱的柱身凹槽数量为24条，柱身形体是下粗上细的椎体。柱头通常采用格式造型饰纹。柱身以下部分是柱脚。

4）门楣、门扇造型

巴洛克风格的门造型包括门顶（门楣）、门裙、门柱、门扇四部分。门扇部分同墙面样式大体相同，通常是以厚重的装师线条组成方框或长方框式。但门顶（门楣）部分样式较独特。巴洛克风格的门顶部分常见的形式有三角形、半圆形和方形。还有两种装饰性很强的门顶造型形式。这两种造型是对文艺复兴样式的变形，它在运用直线的同时也强调线型流动变化的造型特点，具有装饰华美厚重的效果，突出地表现了巴洛克的特点。

巴洛克风格的门群套通常做得比较宽大，与门顶相呼应。其造型以高档木线条形成方框形，有的还配上雕刻木件点缀。

在巴洛克风格中，门柱是门造型所不可缺少的组成部分。门柱主要有两种形式，一种是与门顶部分相接，构成门柱上托门顶的式样。另一种是门柱在门顶两侧，门柱顶托着天花部分。门柱的样式还可分为独立式和靠壁式两种。独立式顾名思义就是柱身与墙面完全分开或基本上完全分开。这种独立的柱体往往与从墙面突出的宽大门顶部分相接，成为门顶的支承件。

5）壁炉位造型

巴洛克风格的室内装饰，壁炉位置的造型也是重点造型，显然国内只有在较高档的西式装饰中采取该造型，但作为全面了解巴洛克风格的要求，却是必不可少的知识。巴洛克风格的壁炉位造型可分为三个部分：炉口、炉台和烟道前面部分。炉口周围一般用大理石贴面造型，炉台部分既有用大理石贴面造型，也有用木结构造型。烟道前面部分为了与炉口呼应，通常用宽大的木线条或木雕刻件构成一个方框，框内配置大幅油画。烟道面的顶部，也就是与顶棚交接处，常采用门顶的造型式样。

6）窗及窗帘盒造型

巴洛克风格的窗造型分窗框、窗扇两部分。窗框造型包括窗洞周围的包边及窗顶部位的造型（在不用窗帘盒的情况时）。窗洞周围的包边材料与墙面材料相同，窗顶部位的造型通常与同一室内的门顶造型样式相类似或互相呼应。在一些宽度、高度比较大的窗造型时，为了增加装饰气氛，窗框两外侧增加从墙面凸出的柱位造型。在一些小型的巴洛克风格中常采用条形的窗帘盒。

巴洛克风格的窗扇样式，通常为长方形和半圆形状组合形式。其中结构是用高档材料做成多格框架。每个框架安装玻璃。玻璃颜色为黄、红、绿、蓝相间组成图案。

（6）欧洲巴洛克住宅装饰风格

住宅巴洛克风格（图1-11、图1-12）元素是在室内以"山形墙"檐板、柱头、雕塑、浮雕、雕刻、花环、柱冠、涡卷为表现手法和装饰图案，并配以古典家具、壁毯。

图 1-11

图 1-12

强调线型流动感和变化的造型，用华美、厚重的技法表现艺术效果，墙面多用大理石、雕刻墙板，以及油画、挂毯去布置。家具以高级木种为主，在椅背、椅脚用涡纹装饰。家具曲线优美，尽显优雅柔和动感，色彩动人，突出了装饰奢华、尊贵、富丽堂皇的风格。

## 1.3.2 洛可可式装饰风格

1. 洛可可风格的特点

洛可可（Rococo）一词由法语 Rocaille（贝壳工艺）和意大利语 Barocco（巴洛克）合并而来，Rocaille 是一种混合贝壳与石块的室内装饰物，而 Barocco（巴洛克）则是一种更早期的宏大而华丽的艺术风格，也有一部分艺术家将洛可可风格看做是巴洛克风格的晚期阶段。

洛可可式风格起源于 18 世纪的法国，室内造型一改巴洛克式的厚重风格，而是以细巧优美为主旋律。洛可可风格的最大特点是造型形体和配套家具形体均大为缩小，呈现出灵巧亲切的效果。

洛可可风格室内装饰中，墙面上的半圆或方柱等柱饰，以及厚重的组合线条装饰完全被放弃。造型面广泛采用花枝叶、藤蔓等雕饰件，配以弯曲柔和的线条组成玲珑精巧造型框档，使室内具有轻快、舒展、精巧、华贵之感。所以说洛可可风格以其不完全均衡的轻快、纤细曲线装饰造型而著称于世。其室内配套家具常以非对称的优美曲线作形体的结构，而且雕刻细致装饰豪华。同时以优美的淡调色彩来加强温柔的气氛，以金色和黑色分别增加华丽的程度和对比感。

2. 洛可可的艺术表现手法

洛可可的总体特征为轻快、华丽、精致、细腻、繁琐、纤弱、柔和，追求轻盈纤细的秀雅美，纤弱娇媚，纷繁琐细，精致典雅，甜腻温柔，在构图上有意强调不对称，其工艺、结构和线条具有婉转、柔和的特点，其装饰题材有自然主义的倾向，以回旋曲折的贝壳形曲线和精细纤巧的雕刻为主，造型的基调是凸曲线，常用 S 形弯角形式。洛可可式的色彩十分娇艳明快，如嫩绿、粉红、猩红等，线脚多用金色。

一般而言，洛可可建筑大约是指室内装潢的艺术风格，洛可可建筑风格以贝壳和巴洛克风格的趣味性的结合为主轴，室内应用明快的色彩和纤巧的装饰，家具也非常精致而偏于繁琐，不像巴洛克风格那样色彩强烈，装饰浓艳。

洛可可装饰是：细腻柔媚，常常采用不对称手法，喜欢用弧线和 S 形线，尤其爱用贝壳、漩涡、山石作为装饰题材，卷草舒花，缠绵盘曲，连成一体。天花和墙面有时以弧面相连，转角处布置壁画。

为了模仿自然形态，室内建筑部件也往往做成不对称形状，变化万千，但有时流于矫揉造作。室内护壁板有时用木板，有时做成精致的框格，框内四周有一圈花边，中间常衬以浅色东方织锦。

3.洛可可风格的造型形式

（1）墙面造型形式

洛可可装饰风格的墙面造型主要依靠装饰线条、雕刻线条，在平整的墙面上组框构图，其中，基础面本身凹凸造型少。同时造型的曲线增多，雕刻件花纹以卷草纹样为多。

（2）洛可可风格门造型

洛可可装饰风格中的门造型，突破了门框方正的陈规，开始有所变化，出现了非方形的门框门扇。门扇上的装饰件和线条也常用曲线和花草纹雕刻件。厚重宽大的门顶部分被取消，而以雕刻装饰件与曲线条来装饰。

（3）窗及窗帘部分

洛可可风格的窗形式通常为长方框和半圆方框组合式，与巴洛克式基本相同。只是窗顶造型部分大为简化，而较多采用窗帘盒。窗帘的形式分为有窗帘盒式和无窗帘盒式两类，有窗帘盒式的造型。无窗帘盒时，通常是用专门波纹幔帐来替代窗帘盒，同样起到美观装饰作用。

（4）家具及沙发椅

洛可可风格的家具、沙发椅造型典雅优美。沙发椅靠椅形身较低，采用雕饰弯腿和包垫扶手，背垫和坐垫多以天鹅绒、锦缎和印花沙发布等织物。靠背和座位部分的木结构多采用雕饰的曲线形。洛可可风格的沙发椅，由于其优美的造型和舒适感受，而使其长兴不衰。现代的西式装饰配套家具，通常都是采用洛可可风格的沙发椅。

4.洛可可住宅装饰风格

洛可可风格装饰（图1-13、图1-14）以不均衡的轻快、繁琐、纤细曲线著称，显现出灵巧、意境的效果。如半罗马柱，家具低矮，舒适而悠闲。顶面、墙面有

图1-13

图1-14

时用绘画(图 1-15、图 1-16)进行装饰,画中多用西方神话和圣经故事为内容题材。表现出极高的艺术修养。

图 1-15                                          图 1-16

### 1.3.3 新古典主义风格

19 世纪初期新古典风格在欧洲逐渐流行起来,其主要特色在于装饰造型和配套家具造型趋向于明快简洁,废弃了过多的曲线结构和虚饰的装饰件。而将装饰重点放在自然与和谐方面。因而直线的造型成为主导的趋向,与巴洛克风格的区别主要在于装饰直线较细小,装饰造型中柱位少,整体设计没有明显的厚重感。并去掉了复杂曲线、娇媚装饰纹饰,且多以直线为主,形体缩小,外观单纯。其支架多用槽纹代替雕刻,采用轻巧布局造型。

1. 新古典墙面造型

由于新古典主义风格是从洛可可风格中蜕变而来,其墙面造型形式较简单明快,造型基面凹凸变化少。造型主要依靠直而较细的装饰线条,在平的墙面上组成方框构图,曲线造型减少,雕饰件也大大减少,但保留了墙面与天棚之间浮雕线条。

2. 室内门造型

门造型包括门洞和门扇,新古典风格的门洞造型将罗马式和巴洛克式风格糅合在一起。门扇的造型为方框构图形式,采用在门扇平面上压木线的工艺方法。

3. 家具

新古典风格强调室内家具与室内装饰造型的协调统一。其多采用细长而逐渐往下缩的直腿,为了加强装饰性,将直腿变为藕节状,靠背的样式也大为简化。

4. 新古典帕拉迪奥风格

新古典帕拉迪奥装饰风格照片实景如图 1-17 ~ 图 1-20 所示。

图 1-17

图 1-18

简欧吊顶对称梁木线条的起伏强调雕塑的立体感，这种风格瑰丽而非浮华妩媚却不失端庄。它已成为一种装饰理念、一种完美室内生活的衡量标准，如同帕拉迪奥本人一样是追求完美。这种装饰装修的完美是艺术与生活的浑然一体。

图 1-19

图 1-20

表现特征是：意大利文艺复兴时，建筑师帕拉迪奥开创"建筑形态"，特色是严谨规范。在建筑美学上视为"经典风格"。整整影响西方很多年。室内装饰中欧式的梁、柱、拱的线条都强调一种雕塑美、立体感。壁炉、吊顶表现出实用完美的功能。充分显示出欧洲传统文化浸润的厚重、古典美。正如文化与艺术的延承性一样，帕拉迪奥风格也在注入新技术、新工艺。

## 1.3.4 简欧混搭风格

在北上广深都市中生活、工作的人们，接受着太多喧嚣亮丽的视觉冲击，在各种玻璃幕墙围绕反光大型写字楼中穿梭。以至于很少有人能够真正静下心来,去享受生活本应带来的放松自在。但是无论城市建筑潮流如何变化,我们依然不可否认,充满别墅乡村情调的静谧居所,是最能打动城市人心的。

时下住宅家装别墅流行的简欧混搭设计风格实景照片(图1-21、图1-22),摒弃了过去的繁复雕饰、浓墨重彩,而且融入了更多现代人的审美眼光与追求,因而颇受当代人的钟爱。它在设计上力求简欧,格调高雅,简朴优美。置身其中,不免让人产生禅静如水之感。

图 1-21

图 1-22

当简欧与混搭碰撞在一起,更是朴素神韵的展现。一个含蓄秀美、端庄丰华,一个低调沉静、气质优雅,融合在一起之后它体现了当今设计上的多元性趋势。

如果说,简约混搭是时尚的代表,它是一种骨子里流淌着高端品质感的格调;那么,简欧卧室、书房的实景照片(图1-23、图1-24)则是古典魅力的再现,它恰到好处地展现了我们灵魂深处的怀旧情怀。将两者完美融合,才是温馨的视觉体验,意境之美难以言表。

简欧设计特别讲究氛围和情调,古典中带点浪漫,现代又不失闲适,酣畅淋漓地呈现出写意之美,更在无形中演绎了一个轻奢典雅的时尚空间。那些天然温润的材质与高雅的色彩、利落的线条搭配在一起,加之现代化的厨房设备(图1-25)、卫生间(图1-26)前卫科技卫浴系列产品。仅仅作为设备、产品摆设就拥有一股神奇的魔力,在古朴的外表下洋溢着装饰设计的美感和实用主义。

因为这些充满人文味道的居所,不单单为人们提供了一个舒适的休憩空间,更是无时无刻不在透露出人们对于自然本真的追求。藏着一种极致优雅的生活态度,也是设计韵味、设备使用功能、色彩视觉综合的完美体现。

图 1-23

图 1-24

图 1-25

图 1-26

## 1.3.5 现代派风格

工业革命孕育了现代设计风格，1919年由前导大师格罗皮乌斯在德国所展开的"包豪斯运动"，推广了现代风格的新观念和新思想。现代风格已建立起一整套完整的基本理论和设计理念，它的基本思想就是：创造一个更适于20世纪人类生活的理想环境，致力于追求艺术与生活的结合，艺术与科学技术的现代主义流派的室内装饰是工业化大生产以及混凝土建筑出现之后而出现的流派。

家装现代派住宅装饰（图1-27、图1-28）是以理性设计观点，强调了实用功能因素，充分表现工业化的成就，机械化硬朗形式。拥有纯粹而艳丽的色彩、自然的几何图像、原始的色泽光辉及充满质感的材料。

图1-27　　　　　　　　　　　　图1-28

让人感觉高贵而神秘，张扬却不夸张，游走于现代生活中间，处处流淌着符合现代人的居住方式和习惯，在室内又以中性、冷色调大胆采用而著称。

## 1.4　中式建筑的室内设计

### 1.4.1　中式住宅建筑四大流派

徽派、南派、京派、北派是中国古建筑千百年来，由于不同地区，人们不同的生活习惯，在中华大地上留下了许多各具特色住宅建筑的代表。

徽派、京派 、南派、北派，不同流派的建筑，以其独有的历史与文化积淀，书写着各自的故事。它们或精致，或恬静，或威严，是如今的建筑永远无法超越的。让我们一起走进它们，去倾听古老建筑文化的声音，感受建筑历史的厚重。

### 1.4.2　徽派建筑关键词：青瓦白墙、砖雕门楼

徽派建筑（图1-29、图1-30）的尊贵，在于它优雅了千年的徽派民居，青瓦白墙，砖雕门楼，徽派建筑风格以民居、祠堂和牌坊闻名遐迩，集徽州山川风景之灵气，融风俗文化之精华。

图 1-29

图 1-30

徽派建筑是四大建筑派系里，最为突出的住宅建筑风格之一，是中国华东地区民居的代表。其中徽派是最为人熟悉的一支，2000 年被列入"世界遗产名录"。尤以民居、祠堂和牌坊最为典型，被誉为徽派古建三绝，为中外建筑界所叹服。

徽派民居建筑风格又有"三雕"，木雕（图 1-31）、石雕、砖雕（图 1-32），风格不同又一脉相承。能工巧匠施尽其技，每一处花纹，每一笔雕刻，结构严谨，雕镂精湛。

图 1-31

图 1-32

### 1.4.3 南派建筑关键词：山环水绕、曲径通幽

南派建筑（江浙地区）的尊贵，在于它有数千年的苏州园林（图 1-33、图 1-34），自春秋战国时期人们开始追求，脊角高翘的屋顶，江南风韵的门楼，曲折蜿蜒，藏而不露，饲鸟养鱼、叠石选景，堪称园林式布局的艺术典范。

图 1-33                                图 1-34

南派建筑是江浙一带的建筑风格，是南方建筑风格的集大成者，园林式布局是其显著特征之一。脊角高翘的屋顶（图 1-35），江南风韵的走马楼、砖雕门楼、明窗、过院堂（图 1-36），轻巧简洁、古朴典雅，体现出清、淡、雅、素的艺术特色，充满了江南水乡古朴沉静的意味。

图 1-35                                图 1-36

中国古典园林讲究曲折蜿蜒，藏而不露。置身其中，四周流淌着的是"曲径通幽处，禅房花木深""万籁此俱寂，但余钟磬音"之感。直露中有迂回，舒缓处有起伏，让人回味无穷。

## 1.4.4 京派建筑关键词：对称分布、如意吉祥

京派建筑的尊贵，在于它历经 700 多年演变而来的四合院，院落宽绰疏朗，四面房屋独立（图 1-37、图 1-38），大到皇宫王府，小到平民住宅，每一处雕饰，每一笔彩绘，都是北方文化的无价之宝。

图 1-37

图 1-38

　　中国北方建筑以京派建筑最为典型，而京派建筑里最典型的便是北京的四合院了。历史上，在老北京四九城里，曾有千余条胡同，京城内的民居四合院就散布在条条的胡同里。不论是王公贵戚还是平民百姓，都与四合院有着割舍不断的联系。如，北京新建大宅院（图 1-39 ~ 图 1-41）也是京城文化的要素之一。它是帝都生活的载体延续，有着深厚的历史价值背景。

图 1-39

图 1-40

图 1-41

四合院的选址、装修、雕饰、彩绘，处处体现着源远流长的民俗民风和传统文化，表现特定历史条件下人们对幸福、美好、富裕、吉祥的追求。

四合院凝聚世代居住在这里的人们共同的记忆，庭院方阔，尺度合宜，院内亲切宁静，有着古朴浓厚的生活气息。闲暇时刻，邀三五知己在院中把盏言欢，不亦乐乎。

除四合院外，王府建筑（图1-42、图1-43）也是京派建筑的代表作，其中王府是宫殿建筑的问鼎之作，也代表了传统建筑艺术的最高水平。它可以看做是一个巨大的四合院，功能更广泛，分工更明确，给人以王府威严之感。

图1-42

图1-43

## 1.4.5 北派建筑关键词：晋商、陕西、西北文化

西北建筑的尊贵，在于它气势恢宏的民居大院如图1-44、图1-45所示。

斗拱飞檐，彩饰金装，砖瓦磨合，城楼细做，各式大院几百多间房屋错落有致，展现出晋商的稳重大气，严谨深沉，晋派只是一个泛称，不仅指山西一带，还包括陕西、甘肃、宁夏及青海部分地区。在这些地区中以山西的建筑风格最为成熟，故统称为晋派建筑。山西历史上有晋商闻名天下，勤劳的世代晋商在积累无数财富的基础上形成了自己的建筑风格。

图1-44

图1-45

晋派建筑在很大程度上反映了晋商（图1-46、图1-47）的品格，稳重、大气、严谨、深沉；斗拱飞檐，彩饰金装，砖瓦磨合，精工细做。所蕴含的文化与精神是一笔无与伦比的财富。

图 1-46

图 1-47

## 1.5 住宅装饰风格案例

通过介绍实际装修工程案例，会让广大消费者、家装设计师、主材设计师、软装设计师、质检监理、施工工长、客户经理等，了解深入掌握，每一项家装工程装修丰富内容和相关专业设计、施工、材料、软装、家居文化等知识。

### 1.5.1 新中式自然主义风格

装修项目案例如图1-48～图1-53所示。

表现特征是：在现代中式元素的基础上，应用更多的纹样的造型，如：花菱木质隔断、格栅楼梯护栏、实木吊顶装饰线和宫廷灯具等，交相辉映构成一幅经典东方中式装饰现实作品。在每一个细节都拥有典雅、端庄的传统文明的气质。

图 1-48

图 1-49

还用自然材料点缀，如原木自然色、红砖外墙、室外花藤架、绿植盆景、柳腾椅等。无论表现方式还是设计手段，无论自然材料还是工艺技术，中式回归都是 2019 年的装修主旋律之一。

图 1-50

图 1-51

图 1-52

图 1-53

原始东方的古朴质感配合现代室内的表现，自然主义以质朴又变化无穷的姿态得意升华到现实生活装修风格中。新中式自然主义风格：中式元素＋古典造型木作。适用于别墅、联排。

## 1.5.2 轻奢加古典装饰风格

项目来源：北京装饰工程公司提供。

项目地址：北京市通州区武夷花园小区。

设计风格：轻奢＋新古典。

建筑面积：130m²（二次装修）。

住宅户型：三室两厅一厨二卫（双阳台）。

施工工期：施工时间自 2015 年 3 月 15 日 ~ 6 月 15 日，合计 90 天。

设计取费：1.2 万元。

装修造价：9.7 万元、主材造价 16 万元、家具电器 12 万元。

设计说明：走进新装修好的室内大厅之中（图 1-54、图 1-55），仿佛时光回转，犹如步入了历史的殿堂，那份享受，或许不是一言一语可讲述，那份尊贵已于不经意间，悄然滑落。客厅以雍容华贵的金色质感＋幽雅宝石蓝，佐以浪漫的酒红色为主基调，从简单到繁杂，从整体到局部，精雕细琢，镶花刻金，都给人一种轻奢的家居印象。

图 1-54　　　　　　　　　　　　图 1-55

电视背景墙（图 1-56）线条的点、线、面的结合，及其窝嵌的艺术手法，使轻奢风格中唯美、律动的细节得以展现。其两边的柜架加强了客厅的储存、展示功能。水晶灯、油画、壁纸，同时配以菱形镜面的呼应，整体风格搭配，就餐环境优雅而又温馨。

图 1-56　　　　　　　　　　　　图 1-57

主卫生间合理利用每一个空间（图1-57），已经成为一种时尚。本案中空间利用的亮点:拐角处的淋浴房,精美淡咖啡古典瓷砖。无不体现人性化的设计理念。在通透感提升的同时，又加强了居室典雅韵味和精致的美感。

通过对卧室（图1-58、图1-59）的改造，加了灯池、筒灯，运用壁灯与壁纸同窗帘的完美结合,使整体灯光,明暗交错。将卧室色彩氛围装点的温馨而静谧。

图 1-58　　　　　　　　　　　　　　　图 1-59

次卫生间（图1-60、图1-61）的翻新改造更是出乎业主的想象，整面镜子的采用，在视觉上增加空间面积。功能性强。大理石台面的浴室柜，架上一个厚实的台盆，更可谓风格别具，加上新颖的灯饰和绿植的映衬，淋漓尽致地展现了古典设计风格与现代卫生洁具的完美结合。

图 1-60　　　　　　　　　　　　　　　图 1-61

纯净的奶黄色基调，让厨房（图1-62、图1-63）空间干净而明快。安装上实用U形橱柜和吊柜,充分利用了有效空间。强化了厨房的储物功能和使用功能。

图 1-62

图 1-63

### 1.5.3　地中海之风设计作品

设计说明：此户型建筑面积 134.6m²，是较为实用的三居户型。户主从事科技行业多年，房子由夫妻两人和 16 岁女儿及老人家四人居住。

此方案通过对门厅、餐厅及卫生间的简单改造，使整体结构功能更佳完美和合理化。墙面通过壁纸和石膏线的搭配使整体感觉简单又温馨同时也不失典雅，加局部吊顶和白混家具的点缀，把田园风格整体溶入和贯通。

此方案只在空间狭小的过道有吊顶设计，作用在于美化装饰的同时强化导向感观，感觉上不会压抑反而会觉得更有安全感。其他的空间多以石膏素线来衔接壁纸，承上启下。

在居室 41m² 的客厅（图 1-64）重点在于把原厨房门，改造成拱形门窗。保持客厅的通透感，同时也把经典的西班牙田园元素完美地融入到客厅，也使餐厅空间更为自由。

装饰设计作品分三个层级。

（1）"形"，停留在比例、尺度、色彩、工艺、造型、风格等阶段，只在视觉上打动别人，功力还在视觉之内。

（2）"意"，有创意，让人们产生空间联想和思考，有一种自己被身临其境的感觉。

（3）"魂"，给人以心灵的启迪、震撼、感动，创造记忆和兴奋慰藉，直接把人的心带进你的作品，用四个字形容"感同身受"。

客厅（图 1-65）并没有太多的设计，主要通过壁纸和家具等后期的配饰把田园风格的元素，巧妙地溶入进来。值得注意的是，这里的色彩不应太多，三种颜色为主色，其他少量小面积的亮色来调剂，使之不会单一乏味。

图 1-64                                        图 1-65

主卫（图 1-66）面积由原来的 4.2m² 扩大利用到现在的 5.3m²，使其功能区域划分明确，实现意义上的干湿分区，顶面大胆地采用新型防水石膏板和回形造形吊顶的设计，加石膏素线和局部壁纸的使用，不仅彰显欧式风格，更使其从传统意义中摆脱出来，显得温馨贴切。

图 1-66                                        图 1-67

12.7m² 厨房（图 1-67）通墙面防古砖斜贴工艺，顶面的桑拿板平铺，加实木单板欧式造形整体橱柜。把经典的欧式田园风格展显的淋漓尽致。

16.5m² 的主卧室（图 1-68）设计重点在于应用单层石膏板上加石膏素线的简单工艺，把窗帘盒这种用吊顶才能屏蔽的弊端很美观地遮掩了，同时用布幔和一幅油画巧妙的作为床头背景。简单但是很出效果。

图 1-68                                   图 1-69

在 13.6m² 次卧（图 1-69）应用浅色壁纸，搭配深色窗帘、地毯、灯具等和略显古老神秘的背景墙，使气氛庄重温馨许多，对老年人来说很安静，其他家人会觉得雅致。

## 1.6　装饰装潢设计要素

进入新世纪，如何解决日益紧迫的人口，环境与工业化、城镇化加快，经济快速增长的矛盾，是中国城市共同面临的一个严重挑战，在建筑的建造和使用过程中，如何在美化居室环境的同时，又能促进行业发展，科技进步是我们共同探讨的问题。

全国建筑装饰从 1996 年以来，进入了一个蓬勃的发展历史时期。它是以家庭居室大规模装饰装修开始为标志的。北方地区在北京 1996 年出现第一个正规有型的建材市场，几十家装饰公司第一次集中在一起，用统一合同文本，为普通老百姓进行室内装饰设计。随即纳入城市建筑行业管理范畴。

就全国而言，北京、上海、广州、深圳是全国各区域发展装饰中心。

（1）京派以北京为代表，流行多种多样室内装饰设计风格。特点：大气、经典。普通经济装修、风格化装修、大宅别墅高档装修，呈三足鼎立之势。

（2）海派以上海为首领，装修设计中西结合居多。特点：精巧、细腻、小资浪漫情调表现突出。做工细致、住宅空间利用率高。行业工贸结合开展市场有一定的影响力，城市建筑装饰管理部门直接参与行业管理。

（3）南派以广州为中心。特点：亚太风格、欧式风格设计上被大量采用。石材被广泛应用。装饰装修企业门槛较高，中型公司在市场中占主动地位。

（4）时尚以深圳为中心。深圳比邻香港，受时尚影响更为快捷、迅速。特点：装饰风格大多明快、简约。大宅又多为新古典、新中式居多。

总之,过去认为建筑装饰艺术是显贵们的"阳春白雪",而今却在住宅民居"下里巴人"中,产生巨大的艺术发展空间。

## 1.6.1　住宅室内设计五项基本内容

（1）空间形象设计；

（2）装饰设计；

（3）物理环境设计；

（4）空间分隔组合功能及用品、配置、陈设、固定式家具设计；

（5）对装饰施工进行指导、协调。

## 1.6.2　设计四要素

1. 空间要素

（1）设计不同居室、不同的空间、不同的区域,遵守不同设计理念,但要科学合理。符合空间基本动线和布局。

（2）大宅:大户型→意境"大气",例如:独特别墅。小户型→核心是"充分利用有效空间",例如:90m² 以下户型空间在于"高效利用空间占用"。

（3）空间:布局合理,空间划分可进行必要的调整、补充、扩展。空间拆改、调整符建筑改造规范要求。

（4）区域:功能完备,装饰特色突出、鲜明、个性化。

2. 色彩要素

色彩分为红、黄、蓝基本色;黑、白是调节色。色彩有冷、暖之分;静、闹之分;平实与个性之分;雅致与动感之分,它们之间形成不同视觉的效果色彩搭配,创造和谐自然多彩世界。色彩过渡比较难掌握,从广义上讲应根据风格、材料、家具、区域功能、业主背景,因人而异,利用对比衬托响应,由浅变深,由明亮到柔和等,来表现设计色彩的丰富性。

3. 色彩的选择

（1）华丽以乳白色为主。

（2）现代年轻人喜欢活泼的较多,如橙色的、鹅黄类色系。

（3）清润天蓝色的墙面给人清凉、明快之感。

（4）淡驼是质朴结合乡土风味,设计与家具而定。

（5）清澈灰白,金属银白,给人以宁静现代职业人的特征。

选择总之在一套居室内应考虑整体"色调"统一,且又富有变化。彰显古典与时尚结合。

举例:女性卧室风格与色彩的点评。色彩冠名是一种专业、职业的设计行为。

温婉娴静型:平静、柔和、淡淡的素净。它展示的一种气度。可用淡淡浅粉、藕荷色等。

秀外慧中型：明朗、高雅，配古典家具。可用鹅黄、奶白。

天真时尚型：琥珀色、黄橙体现轻松、动感、朝气。配新式家具，更显效果。

4. 光线要素

整个房间色调、光线的处理和利用是现代室内设计特征之一。

光线、光照是环境气氛构成的重要因素。

巧妙设计给人以憧憬、遐想、慰寂的感觉。如同自然光照一样。夕阳西下，夜幕降临。橘红色的晚霞映红天际，使人顿觉产生美好的情感。而室内照明，用舞台展示设计技术，将自然界五彩的世界，袖珍化移植，借鉴到室内。大致分为以下三种：

（1）主光源、辅助光源、集束光源、伞打光源；

（2）上、下光线、侧光源、独立光源；

（3）色彩光源。

加之不同款式、造型的花饰灯具配合起来，营造出色彩斑斓，温馨富有情调的居所。

5. 装饰要素

运用设计将各种装饰材质的特点，加工制作成一定预意家居艺术产品要素。如：形成一定的规则、一定纹样的装饰项目。

（1）白底"波浪"造型背景墙系列、"仿制红木博古架系列"；

（2）"石材滴水幔帐"和"冰花玻璃组合玄关"系列；

（3）"壁炉咖啡区"与"玻璃砖组合采光隔墙"系列；

（4）"中式茶艺""日式榻榻米""东南亚休闲厅"系列；

（5）"木质花窗月亮门隔断""罗马柱斗拱隔断""青石板露台休闲区"。

### 1.6.3　家居文化中的中式古典文化的点滴表现和运用

1. 装修后期陈设

（1）寓意大自然："春、夏、秋、冬"。

（2）寓意风雅："梅、兰、竹、菊"。

（3）寓意吉祥："福、禄、寿"。

（4）寓意虔诚："莲化、松鹤"。

（5）寓意富贵、美好："牡丹、山水"。

2. 寓意信仰、宗教等不可胜数

如：佛珠、手串的由来，佛龛在家庭中演化成为新的重要景观。雕塑、木雕摆件有吉祥、祝福、信仰的预意。将上述有型的物质室内布置陈设赋予了生命，赋予精神的文化内涵。

3. 诸如室内文房四宝：琴、棋、书、画布置

（1）漆雕（图 1-70）、瓷器（各类青花、粉彩）（图 1-71）、玉器、青铜器、首饰漆盒（图 1-72）。

（2）民俗饰品、木雕风筝、扇子、灯笼、中国结、仿古摆件、布艺、壁画、绿植、水族箱，还有各类古玩珍藏、装饰工艺品举不胜举……在室内布置后，陶冶文化情操并在一定程度上体现主人的生活情趣。

图 1-70

图 1-71

图 1-72

### 1.6.4 我们对建筑装饰艺术的理解

（1）来源于大自然；

（2）创意于我们人类的聪明才智；

（3）实现于建筑之中的传世之作。

任何文化艺术是相通的，不管是建筑艺术、装饰艺术、雕塑艺术、文学艺术、绘画艺术、民间艺术、戏曲艺术、影视艺术等，都是给人们的视觉美感享受。在最高境界时你中有我，我中有你，相互交融展示人类文明瑰宝。

## 1.7 住宅生活区域设计

### 1.7.1 卧室、起居室、厨房和卫生间空间等

1. 门厅

门厅是家庭入口到其他房间的一个过渡空间，其基本功能是起缓冲作用。门厅往往是人们进门之后最先看到的室内空间，因此对它的设计在空间尺度满足使用要求的前提下，注重整洁、明亮，给人鲜明、深刻的第一印象。

门厅的大小各不相同，但基本使用功能却是一致的，不外乎是换鞋、整装，因而门厅内的家具至少应包括鞋柜和整装用的镜子。面积较大的门厅还可设置供换鞋时使用的座位和衣帽柜等。当然，门厅内的家具除满足使用功能的要求外，还应注意造型的美观、材料的考究以及与室内装饰风格的统一等问题，常结合精美的陈设品或小型的景观，创造出令人豁然开朗、耳目一新的装饰效果，成为室

内空间的一个亮点。门厅内的流动量较大，又是外部和内部各房间的过渡，所以选用的装饰材料应达到舒适、美观和耐用的要求，尤其要注意便于清洁。

2. 卧室

卧室之间不应穿越，设有直接采光和自然通风，双人卧室使用面积不宜小于10m²，单人卧室不宜小于6m²，兼起居的卧室则不宜小于12m²。

卧室的布置应综合考虑卧室面积、形状、门窗位置、床位布置以及活动面积等因素，一般分为睡眠、梳妆、贮藏、阅读和休闲等区域。各分区根据各自的功能设置不同的家具，如布置梳妆台、衣柜、电视机柜等，但一般以睡眠区的床为中心，分区还应注意保持睡眠区的位置要相对比较安静，各分区之间不构成相互干扰。床头背后往往是装饰的重点，可利用精美大方的背景墙来突出和衬托床的重要地位，或做成壁龛式置陈设品于其中，或简单地悬挂装饰画及照片，或打制成装饰吊柜，或安装镜面玻璃，装饰手法林林总总。

3. 起居室

起居室是家庭活动的中心，是日常生活中使用最频繁、占用时间最长的空间，一般也是面积最大的房间。因此起居室的设计往往是整个住宅设计的关键。起居室（厅）也应直接采光、自然通风，使用面积不小于12m²。门洞的布置应综合考虑使用功能要求，减少直接开向起居室（厅）的门的数量，其中布置家具的墙面直线长度应大于3m。一些没有直接采光的餐厅、过厅等，其使用面积不宜大于10m²。

室内的布置也要综合考虑起居室的面积、形状、门窗位置家具尺寸以及使用特点等因素。在布局上应按照会客、娱乐、学习等功能进行区域划分，着重注意人流路线的处理，做到既形成完整的起居空间又合理地联系其他空间。墙面、地面、顶棚的装饰材料、样式、色彩、风格等的选择没有固定的模式，可依据设计的需要和主人个人的喜好进行选择，注重审美性，注重空间艺术环境的创造，并在整体上取得协调一致。起居室内的家具包括沙发、茶几、电视机柜，还可依条件设酒柜、装饰柜等，而其样式、风格、色彩等应注意与各个界面的设计取得协调一致。电视机背景墙是客厅内重要而醒目的装饰部位，在与室内空间的整体设计统一的前提下，可考虑其造型的生动别致，材料搭配的和谐，灯光的强化处理等，从而更加强调室内的空间氛围。

4. 厨房

厨房的使用面积，一类和二类住宅不应小于4m²，三类和四类住宅为5m²，并宜布置在套内近入口处。厨房包括操作区和储藏区，内部设置洗涤池、案台、炉灶及排油烟机等设施或预留位置。对于厨房的设计而言，主要问题是流线的设计，尤其是操作区的布局应按炊事操作流程排列，操作面净长不应小于2.10m，一般顺序为摆放、粗加工（摘捡）、洗涤、精加工（切）、烧煮、临时置放。储藏区的家具包括冰箱、厨房用品柜等，可将储藏区家具合理地组织在操作区内。厨房的平面类型有一列形、并列形、曲尺形、U形、半岛形以及岛形等，可根据不同的面积、户型与设计需求合理选择。由于厨房操作的油烟较大，直接采光和自然通风对于厨房是必选择。不可少的，注意及时通风换气，以减少对其他房间的污染。特别是开放式布置的厨房，更应格外注意。另外，厨房是从事食品加工的场所，容易积纳污垢，因此在装饰材料的选择上应注意选择容易清洁的材料。一般墙面选择瓷砖，地面选择地砖。地砖最好选择表面光滑，无凹凸的样式，易清洁。

5. 卫生间

卫生间需设置在每套住宅内，第四类住宅宜设两个或两个以上卫生间。每套住宅至少应配置三件卫生洁具，不同洁具组合的卫生间使用面积各不相同，设便器、洗浴器（浴缸或喷淋）、洗面器三件卫生洁具的卫生间不应小于$3m^2$；设便器、洗浴器两件卫生洁具的为$2.50m^2$；设便器、洗面器两件卫生洁具的为$2m^2$；单设便器的为$1.10m^2$。需要指出的是，卫生间不应直接布置在下层住户的卧室、起居室（厅）和厨房的上层。可布置在本套内的卧室、起居室（厅）和厨房的上层，一般应浴厕分开，并均应有防水、隔声和便于检修的措施。

卫生间内，除了必要的卫生洁具外，摆放洗漱用品、化妆品的化妆台、梳妆镜都是不可缺少的。兼具更衣、化妆用的卫生间还应设置存放衣物的橱柜。对于放有洗衣机在内的卫生间，最好设置相应的杂储柜。面积足够大的卫生间，从其舒适性考虑还可放置座椅、茶几等。

卫生间是用水最多的地方，空气中难免湿度较大，因此在设计中，通风是需要着重考虑的问题。最好设置通风窗，若没有条件则应在室内设置排风扇。装饰材料和设备的选择也应注意防潮、美观、实用。

层高和室内净高：一般普通住宅层高宜为2.80m。卧室、起居室（厅）的室内净高不应低于2.40m，局部净高不低于2.10m，且其面积不应大于室内使用面积的1/3。利用坡屋顶内空间作卧室、起居室（厅）时，其1/2面积的室内净高不应低于2.10m。厨房、卫生间的室内净高不应低于2.20m。

6. 阳台

设计阳台栏杆时，要考虑防止儿童攀登，栏杆的垂直杆件间净距不应大于0.11m，放置花盆处必须采取防坠落措施。同时还应设置晾、晒衣物的设施，顶层阳台设置雨罩。低层、多层住宅的阳台栏杆净高不应低于1.05m；中高层、高层住宅的阳台栏杆净高不应低于1.10m。封闭阳台栏杆也应满足阳台栏杆净高要求。中高层、高层及寒冷、严寒地区住宅的阳台则宜采用实体栏板，从而起到御寒、防护的作用。

7. 过道、储藏空间和套内楼梯

套内入口过道的净宽不宜小于1.20m，通往卧室、起居室（厅）的过道净宽不应小于1m，而通往厨房、卫生间、储藏室的过道净宽则不应小于0.90m，另外，过道在拐弯处的尺寸还须考虑到便于搬运家具的需要。在进行室内设计时，套内吊柜净高不应小于 0.40m，壁柜净深不宜小于 0.50m，内部平整、光洁，设于底层或靠外墙、靠卫生间的壁柜内部应采取防潮措施。套内楼梯的梯段净宽，当一边临空时，不小于 0.75m；当两侧有墙时，不小于 0.90m。套内楼梯的踏步宽度以不小于 0.22m、高度以不大于 0.20m 为宜，扇形踏步转角距扶手边 0.25m 处，宽度不应小于 0.22m。

## 1.7.2 联排、别墅功能设计

（1）对于大户型、联排、别墅住宅的外廊、内天井及上人屋面等临空处栏杆净高，低层、多层住宅不应低于 1.05m，中高层、高层住宅不应低于 1.10m，栏杆设计考虑到防止儿童攀登，则垂直杆件间净空不大于 0.1m。当住宅的公共出入口位于阳台、外廊及开敞楼梯平台的下部时，应采取设置雨罩等安全措施，以防止物体坠落伤人，同时，出入口处还应有识别标志，便于人们轻易辨识，可按户设置信报箱。高层住宅的公共出入口还要设门厅、管理室及信报间，为住户提供方便快捷的服务。

（2）室内环境设计与建筑设备

室内环境：每套住宅至少应有一个居住空间能获得日照，当套住宅中居住空间总数超过四个时，其中宜有两个获得日照。卧室起居室（厅）应有与室外空气直接流通的自然通风，对单朝向的住宅，最好采取一些通风措施。住宅应保证室内基本的热环境质量，采取冬季保温和夏季隔热、防热以及节约采暖和空调能耗的措施。寒冷、夏热冬冷和夏热冬暖地区，住宅建筑的西向居住空间朝西的外窗均采用一定的遮阳措施，如百叶等。卧室、起居室（厅）适宜布置在背向噪声源的一侧，且不应和电梯紧邻布置。凡受条件限制需要紧邻布置时，必须采取相应的隔声、减振措施。

（3）照明要求

照明要求门厅一般没有直接的对外采光，便需要人工照明。门厅要求明亮、整洁、美观，灯具常常选用筒灯、吸顶灯、壁灯和发光顶棚等，位置设在进门处和与室内的交界处附近，但要避免在进入者的脸部形成阴影。

通过卧室的照明设计，要营造出一个温馨舒适的睡眠环境，因此一般选择眩光少的灯具类型，而照明方式一般选择混合照明方式即普通照明与局部照明相结合。整体环境多选用吊灯、吸顶灯等直接照明，或发光顶棚、发光墙面、各种嵌入式灯具等间接照明，床头柜、写字台、梳妆台等部分则采用壁灯、台灯等局部照明。

起居室的照明多具有灵活多变的特点。除了自然光外，人工照明一般包括普通照明和局部照明两种。普通照明一般选用枝形吊灯或豪华吸顶灯，置于会客区上方。局部照明包括落地灯、壁灯、台灯、筒灯、装饰射灯等，一般于局部加强亮度或突出装饰效果。

餐厅往往要求明亮、舒适，以增进人们的食欲，一般是在餐桌上方安装造型新颖别致、光线明亮柔和的灯具，有吊灯、吸顶灯等。

卫生间以光线柔和、照度适中为宜。设计时应注意除了在顶棚设置主光源外，在梳妆台上部顶棚处、梳妆镜上部或左右配置镜前灯以达到足够的照度，但要注意的是，人在梳妆时不能在其脸部形成阴影。主光源一般选择吸顶灯，局部照明则选用壁灯、筒灯、投射灯等。无论主光源以及次光源均宜选择防潮、不易生锈且易清洁的灯具类型。

（4）绿化设计

绿化设计在住宅室内绿化布置的位置，通常应在不影响交通的墙边、角隅，更多的是利用悬、吊、壁龛、壁架等方式来充分利用室内的剩余空间。把室内绿化作为主要陈设并成为视觉中心，是客厅、起居室、餐厅多采用的布置方式，通常选择较大体量的绿化植物，落地布置在室内的显著位置，活跃室内的气氛。住宅室内的植物多种植于各式各样的容器内，因而选择与植物相得益彰的容器和装饰品，不仅需要考虑其功能性，满足植物生长的需求，还要注意其装饰效果，并与室内的环境相协调。

（5）陈设设计

陈设在住宅陈设设计的程序是：首先确定类型和数量，再选择合适的风格，最后确定陈设布置格局。需要注意的是，室内陈设物品的配置并不应是孤立的，在功能、尺度、材质和色彩等方面，必须和家庭中其他物品互相协调和配合，以达到一种审美要求、思想内涵和精神文化方面的统一。客厅适于摆放一些大型的重点陈设物品，或将大量小型装饰物品集中设置，但应特别注意格局，符合有主有次、有聚有散的原则。比如顶棚悬挂精美的吊灯，墙面上挂置单幅或多幅装饰画，装饰柜内摆放各种小巧的陈设品，地面上铺设大块的装饰地毯。卧室内的陈设则要适当控制类型和数量，且宜素净淡雅，过于富有刺激性的陈设物品容易引起人的兴奋，而不利于休息睡眠。餐厅内的陈设应相对热烈、活泼，以激发食欲，并且最好能结合日用器皿，既有使用价值，又具备装饰美化的功用。

（6）别墅设备布置设计

联排、别墅设备：住宅的建筑设计，应满足建筑设备和系统的功能有效、运行安全、维修方便等基本要求。建筑设备管线的设计，相对集中，布置紧凑，合理占用空间，宜为住户进行装修留有灵活性。每套住宅宜集中设置布线箱，对有线电视、通信、网络、安全监控等线路集中布线。厨房、卫生间和其他建筑设备及管线较多的部位，要进行详细的综合设计。采暖散热器、电源插座、有线电视终端插座和电话终端出线口等，应与室内设施和家具综合布置。公共功能的管道，包括采暖供回水总立管、给水总立管、雨水立管、消防立管和电气立管等，不宜布置在住宅套内。公共功能管道的阀门和需经常操作的部件，应设在公用部位。应合理确定各种计量仪表的设置位置，以满足能源计量和物业管理要求。

# 1.8 室内装饰的景观设计

园林景观艺术和组景方式用于家装室内装饰工程，已在国内室内装饰业中普遍发展起来。特别是在高档建筑住宅大户型，联排跃层、独栋别墅建筑中，将自然景物适宜地从室外移入室内，移入别墅露台、天台等。使高档住宅赋予一定程度的园林气息，丰富了室内空间，活跃了室内气氛，从而自然地增强了人们舒适感。住宅装饰常用的景观方法有：水局景观、筑山石景观、观赏植物组景、亭阁景观，以及园林建筑小品等。室内装饰景观设计的要求有自身的特点，主要是材料要轻、结构牢固、安装简便，容易清理，保洁定时，采用天然材料、小型微缩景观。与室内装饰融为一体，体现居室主人的社会地位和经济实力。

## 1.8.1 室内园林景观

### 1. 景观含义

在住宅露台或室内阳台空间中，将自然景物和人工造景的方法进行组景，在室内形成了一定的景致，这种形式的园和景称之为室内景观。具有较大室内景园的建筑，其上空或外墙具有通光的大面积玻璃，以满足园中绿化栽培需求。这样的室内空间多见于别墅的采光厅，称之为共享空间。室内景观的出现和迅速发展，是人们生活水平逐步提高和现代生活方式的需求，是室内装饰工程的一个新课题，作为一个室内装饰施工人员，应该首先了解室内景观的基本功能、基本要求和室内景观在室内装饰工程中的位置安排等知识。

### 2. 景观功能

（1）改善别墅和住宅室内居住气氛、美化室内空间在建筑的大厅中设置景园，能使建筑的室内产生生机勃勃的气氛，增加室内的自然气息，将室外的景色与室内连接起来，使人们置身此景中，若有回到大自然的感觉，则淡化了建筑体的生硬僵化之感。

（2）大型厅、堂创造层次感。在建筑住宅内的共享空间大厅中，在功能上往往有接待、休息、饮食、休闲等多种功能要求，为了使各种使用区间既有联系又有一定的幽静环境，常采用室内组景的方法来分割大厅的空间。

（3）灵活处理室内空间的联络。如，在过厅与餐厅之间、过厅与大堂之间、走廊与过厅之间等。常常借助于室内景观设计发挥，从一个空间引到另一个空间，把室内空间安排得自然、贴切。

### 1.8.2 住宅景观的构成方法

1. 以石为主加绿色植物的室内景观

室内景观常将山石构成布置石景，通常有天然石材与棕竹相伴成景，设置在住宅露台开阔之地。人造石组景，英石依壁砌筑，配以小水池和植物组景等可以安排在大宅的室内。

2. 以水局为主题的景观

以水局为主的组景中，水池是主景，在水池边配以景石和绿色植物。水池的形状也多是流畅的自由回环曲线。

3. 盆景栽培景观

盆景栽培通常是用盆栽的植物，根据具体场合、使用要求来摆设组合成景。栽种的植物要根据季节来安排。如：松树、石榴树、黄杨木、榕树、蜡梅等。

### 1.8.3 室内景观的位置设计

1. 在室内楼梯处

建筑物的入口处设置室内景园，可以冲破一般入口的常规感，在占地很少的条件下，收到良好的空间效果。在塑造入口空间时，必须明确三个基本要点：

（1）抓住反映装饰风格的基本特征，来烘托室内气氛。

（2）恰如其分地掌握入口空间的比例尺度，不影响交通动线功能。

（3）结合室内外环境条件，灵活地确定大小景观的布置方式。

2. 厅堂处共享空间

大型厅堂共享空间，是建筑室内人们公共活动的中心，其空间设计与组景设计都较讲究。通过使用山石、壁泉、水榭、微雕的组合布景，组成一幅巧致的室内景园，创造了一个闹中有静的幽雅气氛。同时，运用室内景观的组合，在建筑室内组成近赏景、俯视景和眺望景，使厅的空间层次更丰富，景观更自然。

3. 过厅与廊

过厅是建筑室内两个功能空间的过渡空间，在这个空间内，常用一些石景或盆景组合的小景来点缀和补白作用。是建筑室内的交通空间，通常在走廊的转角处、交汇处的尽头，采用盆栽组景的方式创造一些幽静的气氛。常用的有水景园的方法、石景园的方法、盆栽组景等。

### 1.8.4 山水景观

（1）山水景观在别墅庭园中已逐步发展起来，联排、别墅中的山水局，是由一定的水型和岸型所构成的景域。不同的水型和岸型，可以构造出各种各样的水局景，不同的水型和岸型，其施工和用材也都有所区别。

（2）山水的景观种类有水池山峰、瀑溪润山泉、壁潭局、悬崖瀑布局等。

（3）在中国园林中，特别在庭园中，山水题材是一种重要的造景源泉。在住宅室内景园中，一定的微缩山水景观可作为整体建筑风格的点缀、陪衬的小品，也可以自成主题构成庭园的景观中心。再运用天然石材、人造山石加配不同风格的水景设计。借其天然形态，才能创造出一个充满江南园林意境的景观作品。

（4）尺度与比例

住宅室内景观的尺度，除要考虑房屋内的尺寸和景物本身的尺度外，还要考虑它们彼此之间的关系尺度。室内景观的功能要求就是克服建筑空间的单调感，同时用景观来烘托室内空间的宽阔。所以室内景观要避免给人牵强生硬感，应在景观设计方案中，用效果图来确定大体基本尺寸。景观外轮廓应在设计总的布局位置处 1/5 以下为宜。

# 1.9 家装户型设计原则

## 1.9.1 设计一居室的装饰原则

（1）充分提高室内空间利用率，克服房屋空间狭小不利影响。

（2）室内主色调，应以明亮淡雅色系为主，使空间增加开阔视觉感。

（3）厅室不宜大面积吊顶，减少空间压抑感。

（4）餐厅功能区可做微型小吊顶，提升装饰效果。

（5）收纳储物空间和家具应放置墙角、墙边为宜。

（6）阳台设计可多功能化，做到晾衣、储物、纳凉的统一。

（7）洗衣机以放置厨房或卫生间为宜。

（8）切勿盲目追求奢华装饰风格。

（9）建议以简约现代风格为主。

## 1.9.2 设计两居室的装饰原则

（1）以家庭人口为依据，进行居室功能规划。考虑居室功能设计目的性尽可能明确（设计为书房或儿童房或客房）。

（2）两居室建筑结构上，双卫占有一定比例。主卫设计以私密性及舒适性为主，可考虑女性特殊卫生要求，并可安装浴缸等高档洁具。次卫以简洁，明亮、便于打扫为主。

（3）设计风格以混搭风格为主流。依据业主品位，设计相应休闲区域。

（4）装饰效果应根据厅室平面布局，依据业主喜好，设计个性背景墙。

（5）根据住宅室内体系的设计原理，减少结构缺陷引起的空间浪费，达到房屋功能利用最大化。

（6）设计上应考虑家具、电器、灯具在风格上的一致性（及软装效应的统一性）。

（7）入户门处应设计玄关。客厅空调建议以挂机为主，节约地面空间。

### 1.9.3 设计三居室的装饰原则

（1）厨房可考虑半封闭式结构（中式厨房元素与西式厨房元素相结合）。

（2）依据业主生活背景、家居文化生活喜好，选择设计风格。

（3）欧式设计风格最小建筑面积在 120m² 以上，才能较好地表现出欧式（基本）装饰元素。

（4）欧式风格中，墙地面装饰应凸显设计装饰效果。玄关地面应设计"拼花"图案。休闲区应以仿古砖加"波打线"组合为宜。墙面可增加凹凸浮雕造型。垭口可制作半罗马柱，凸显房屋层次立体感，具有历史内涵。

（5）新中式风格，可设计"花菱窗"式玄关隔断，家具多采用木本色家具，体现天然花纹的质感，并考虑墙面木质挂镜线。电视背景墙可选用东方元素浓厚的图案装饰。

（6）在三居室设计方案中，可考虑功能完备的儿童房和书房。

### 1.9.4 设计大户型装饰的原则

（1）应联合考虑景观设计、园林设计、给水排水系统设计、中央空调系统设计、新风系统设计、户型"风水"设计。

（2）建筑结构上，应考虑家居附加增值功能。如车库、保姆房、娱乐影视厅、长廊花藤架、高层休闲观景露台。

（3）应考虑智能化家居设计、安防监控设计。

（4）装饰设计考虑住宅全案体系，以业主行为动线为依据，以传统或现代设计纹样为手段。考虑地面、楼梯踏步、四面墙体设计效果和流行趋势。

（5）应有全案系列效果图（常规不少于 12 张、全景 2～4 张）。

（6）在 2019 年以来，设计风格上多以美式乡村风格、平房庄园式风格、哥特古堡式风格为主流大宅设计趋势。

## 1.10 家装设计图纸绘制

### 1.10.1 总则

为加强对家装设计文件制作管理，保证设计文件的质量，提高装饰公司设计制图水平和质量，作为家装施工项目准确的重要尺寸依据，在深化设计图纸规定的基础上，结合家装公司的一般图纸要求和实际情况，编制图纸制作标准。

## 1.10.2 施工图

设计施工图纸的组成应完整、全面，能充分表述施工工程的各分部分项内容的全部技术问题。施工工程全套图纸应包含以下图纸和其他组成部分：

1. 图纸封面

2. 图纸目录

应包括序号、图纸名称、图号等。

3. 设计说明（包括需要特别交代的其他设计内容）

设计说明中应阐述整体设计的基本构思、装饰风格、所用建材，以及特殊设计工艺说明及客户的特殊要求等。

4. 原始平面勘测图

房间的具体开间尺寸、房间梁柱位置尺寸、门窗洞口的尺寸位置、各项管井、上下水、煤气管道、空调暖管、进户电源、进户弱电末端的位置、功能、尺寸等。

5. 装饰平面布置图应表示的内容

（1）墙体定位尺寸，有结构柱、门窗处应注明宽度尺寸。

（2）各区域名称要注全，如客厅、餐厅、休闲区、厨房、卫生间等，名称要注全，如主卧、次卧、书房。

（3）室内外地面标高应注明。

（4）墙体厚度与新建墙体材料种类应注明。

（5）地面材料种类、地面拼花及不同材料分界线应予表示。

（6）楼梯平面位置的安排、上下方向示意及梯级计算。

（7）有关节点详细或局部放大图的索引。

（8）门的编号及开启方向。

（9）活动家具布置及盆景、雕塑、工艺品等的配置。

6. 顶面（天花）布置图

（1）天花造型尺寸定位及详图索引。

（2）房间名称应注全，并应标注天花底面相对于本层地面建筑面层的高度。

（3）天花灯具（包括火灾或事故照明）、风口等。

7. 立面图

（1）立面图包括外立面和室内立面，一般外立面和室内房间或公用空间等各方向的立面均应绘制。

（2）立面图中应表示的内容：

1）墙体定位尺寸。

2）各部位墙面造型的立面图形、尺寸、材料、面层材料名称，以及节点索引。

3）各房间、各部位固定家具造型的立面图形、尺寸、构造材料、面层材料；各固定家具的剖面图形、尺寸；各固定家具的细部材料、尺寸、构造做法。

4）墙柱面装饰造型、花台、台阶、线角等的尺寸及其他尺寸定位，节点详图索引等。

5）门窗标高和高度应分别注明。

6）室内立面应将相应部位的天花剖面一并画出，并标注天花造型部分的尺寸与标高。

8.剖面图

（1）为表达设计意图所需的局部剖面。

（2）剖面图应表达的内容：

1）标高尺寸。

2）楼板、梁等结构件的尺寸一般应严格按结构图或实际情况画出。

3）注明造型尺寸、构造材料、面层材料。

9.节点图

（1）施工中的关键部位、需要重点表达的部位，均应绘制节点详图。

（2）注明造型尺寸、构造材料、面层材料。

10.水、电照明线路平面图、系统图

（1）各房间各部位照明灯具、电器、插座、网络、电表箱、弱电箱等位置和线路平面布置图。

（2）用电容量、配置电线截面面积及其计算、回路系统。

（3）厨房、卫生间等处的给水排水线路的平面布置图、给水管道的管径尺寸、取水位置及高度、管线排布系统等。

11.图纸签署

（1）图标中的设计负责人、设计人签署应完整。

（2）每张施工图纸均应标注比例、业主签字"同意施工"。

（3）有多个专业厂家配合内容的主要图纸，应由各有关厂家设计人进行会签。

## 1.10.3 施工图纸制图规范标准

（1）线宽设定及用途：颜色、线宽、用途按国标规定。

（2）文字标注：字的大小、字体在同一套图纸里面要统一。

（3）形式设置

1）材料标注在图面右侧、上侧。

2）尺寸标注在图面左侧、下侧。

（4）基本功能及尺寸

1）鞋柜——下部留有高为220mm空档直接放鞋，鞋柜净深不得低于220mm，如客户有特别要求的可按其提供尺寸设计。

2）电视柜——要求柜面可放客户提供尺寸的电视机、音响等，下部可放碟机、影碟、CD 等。设计柜面过长的石材，一定考虑有否此石材的尺寸。客户有特殊要求只做地台的电视柜，其高度要适度。

3）衣柜——按一定的比例设计出大衣、上衣、裤及毛衣、内衣、毯子存放的位置。大衣柜门高度不宜超过 1700mm，净深不得低于 550mm。

4）阳台或临窗至顶柜，必须预留窗帘盒及窗帘开合的位置。

5）书柜竖板之间最大跨度不要超过 800mm；衬板高度据书的开本多少而定。

6）其他类家具必须注重实用性及业主的特别要求。

7）凡以柜子作隔断的后背用材，必须考虑后背空间的功能：

①后背为厅及卧室的必须使用隔声棉及纸面石膏板。

②后背为卫生间或厨房的，背板必须是木芯板，并标明做防水处理。

（5）比例、图像与实物相应的线性尺寸之比，用阿拉伯数字表示。常用比例有：1：1、1：5、1：10、1：20、1：50、1：100、1：200、1：500、1：1000；可用比例有：1：3、1：30、1：40、1：60、1：150、1：250、1：300、1：400、1：600。

（6）各图样均应在图名的右侧按国标标注尺寸、剖切符号、索引符号、详图符号。

（7）材料图例

材料图例的填写按照通行的国家建筑制图标准的规定进行，使用图例应比例适当，间隔均匀，疏密有致，线条细淡，图示正确，不同图例应清晰可辨，不得混淆不清。凡同类材料不同产品使用同一图例时，应辅以准确的文字说明。

# 1.11 家装设计文件、施工图审核

1. 全套设计图纸须不少于 15 张（依据复杂程度可调整）

原始测量图、墙体改建图、平面布置图、顶面布置图、地面布置图、立面索引图、吊顶造型剖面图、强电插座开关布置图、弱电插座布置图、照明平面连线图、水路布置图、背景墙立面图、卫生间排砖图、厨房排砖图、施工节点图等。

2. 家装合同档案交接审核

（1）不得超出公司规定转交日期（工地交底前三天交到工程部审核员处）。

（2）填写《合同档案袋资料清单》，档案中还应包含施工中办理增减项单。

3. 图纸审核

（1）图纸和报价签字不得由其他人代签。

（2）图纸尺寸标注不全，例如：没有标高、吊顶造型细部尺寸不全。

（3）墙面、地面饰面材料没标注。

（4）厨卫区域，不标上下水位的墙距尺寸和图标。

4. 报价审核

（1）报价单工程额与交接单工程额不一致。

（2）图纸标准工程面积同报价单面积不一致。

（3）工地在远郊，未按规定收取施工远程费。

（4）老房拆除项目报价丢落项，有意低报。

（5）楼层搬运费与实际不符。没有区分有电梯和无电梯。

（6）全装修套餐合同：复尺单尺寸与设计师预算中的尺寸不一致。

（7）全装修套餐报价中工程量按保留小数取费（应为整数平方米）。

（8）套餐预算对施工队进场要求（需按规定做好复尺工作，如填写坑距等）。

5. 审核处罚规定

（1）再发现低级错误者处罚 100 元。

（2）在公司规定期限内，未做补救、整改、补画图纸责任者处罚 200～300 元。对设计师所在部门店经理处罚 100 元。

（3）在工地交底前三天（72 小时内）"设计交接单"需交至公司工程部处。超期处罚责任者 200 元。

## 1.12 家装设计管理

1. 签单设计流程

（1）洽谈

依据客源信息，落实量房时间。

（2）实地量房

1）进一步确认客户装饰风格意向 + 测量户型各区域具体尺寸。

2）拍摄原房室内数码图片不少于 10 张（厨房、卫生间、拆改区域）。

3）落实前期洽谈中的设计意向 + 掌握客户定购主材的基本想法。

2. 设计方案和预算

（1）针对客户（含其他客户资源）具体的户型"解析"设计方案内容。

（2）设计素材：提出客户个性化、针对性设计方案 + 工程造价细致预算。

（3）大客户 100m² 以上、出两套完整不同风格设计方案。

（4）按收设计费 3000～4000 元起，制作 1～2 张不等真实效果图。

（5）必须让客户感受到不同设计含量的家居风格方案内涵，有比较、选择性。

（6）图纸、报价须做有品质的封面。

（7）客户有特殊情况，必须向经理说明备案。杜绝过度承诺，造成后期赔付。

（8）按准备的方案制作一套细致完整的预算书。另外储备一套备用方案。

（9）同客户碰方案前（重点客户）需向店经理汇报进展情况，说明预算额度，准备同客户研讨设计方案的重点内容。

3. 客户到公司洽谈签订合同

（1）客户基本满意设计方案、预算报价。收设计费、定金。

（2）确定个性化设计装修或套餐式装修。对主材选择基本达成意向。

（3）确定补充完善设计内容和约定签合同的时间。

（4）签合同：按规定完成合同签订，档案各类技术文件归档，收取首期工程款。

4.每月设计方案讲评、培训、奖励

（1）依据实际各个公司情况，每月开展一次。由公司高管主持，重点讲评公司设计水平提高工作开展情况。

（2）设计方案评比实施

1）在每个月签单设计案例中，精选五套案例。组织案例分析。

2）组成公司评比小组评委：公司高管、设计部经理、工程部经理、主材主管、相关人员等。

①设计方案讲评优秀设计师；

②没有收过设计费的设计师必须参加；

③上个月没有完成公司产值计划店面的所有设计师必须参加；

④连续两个月产值累计不超过 15 万元的设计师必须参加；

⑤审核图纸、报价，两个月连续发生问题的设计师必须参加。

（3）奖惩制度

1）对无故不参加每月设计案例分析会的设计师，每人处罚 200 元。

2）每月对合同设计方案技术含量、画图质量设立进步奖 300 元两名。优秀作品奖 500 元一名。公司领导总结讲评成果和提高措施。

（4）评比细则规定

1）方案设计主题（不少于 300 字以设计说明）：10 分；

2）户型缺陷分析：20 分；

3）图纸准确性：30 分；

4）风格样式准确性：20 分；

5）报价预算：20 分；

6）总分：100 分。

# 2 家装水电项目设计

## 2.1 家装电气与智能化设计

### 2.1.1 家装电气分支回路设计

（1）每套住宅应设置不少于一个照明回路。

（2）装有空调的住宅应按空调台数及用电容量设置空调插座回路，柜式空调应单独设置一个回路。

（3）厨房应单独设置不少于一个电源插座回路。

（4）装有电热水器等设备的卫生间，应单独设置不少于一个电源插座回路。

（5）应给家居智能信息箱预留单独电源回路。

（6）每一回路插座数量不宜超过 10 个（组）。

（7）安装功率大于或等于 2.5kW 的设备宜单独设置配电回路。

### 2.1.2 家装电线、电器、电源插座设计

1. 电线

住宅套内的电源线应依据使用电器选用铜材质电线。照明回路支线截面积按配电保护电器额定电流选取：当照明回路保护电器额定值为 10A 时不应小于 1.5mm$^2$，当照明回路保护电器额定值为 16A 时不应小于 2.5mm$^2$。普通插座回路支线截面积不应小于 2.5mm$^2$。

2. 低压电器的选择

选择家用电器时，应符合下列要求：

（1）家用电器的额定电压、额定频率与所在回路标称电压、标称频率相适应。电器的额定电流不应小于所在回路的计算电流。电器应适应所在场所的环境条件。

（2）电器应满足短路条件下的动稳定与热稳定要求。用于断开短路电流的电器，应满足短路条件下的分断能力。

（3）户内电器宜选用隔离开关、断路器、剩余电流动作断路器，所选用的电器应与家居配电箱体配套和协调。

（4）家居配电箱的主开关电器应具有隔离功能。电源插座回路应装设额定剩余动作电流为 30mA 的剩余电流动作断路器。

3. 电源插座布置设计

（1）按规定要求

每套住宅电源插座的数量应根据套内面积和家用电器设置，电源插座宜以单相两孔、三孔为标配，同时结合不同场所的使用需要对数量、间距、安装高度等合理设置。

（2）住宅建筑所有电源插座底边距地 1.8m 及以下时应选用带安全门的产品。单台单相家用电器额定功率为 2～3kW 时，电源插座应选用额定电流为 16A 的单相插座；单台单相家用电器额定功率小于 2kW 时，电源插座应选用额定电流为 10A 的单相插座。

（3）住宅建筑的套内电源插座应暗装。每套住宅内同一面墙上的暗装电源插座和各类信息插座宜统一安装高度。插座水平间距不宜大于 3.6m。插座与门框的距离不宜大于 1.8m，大于 0.6m 的墙上应设置插座。

（4）空调器宜单独设置带开关控制的单相三孔暗插座。壁挂式分体空调插座底边距地不宜低于 1.8m；柜式空调及一般电源插座底边距地宜为 0.3～0.5m。

## 2.1.3 照明线路设计

1. 按规定要求

（1）居住照明设计应兼顾房间功能性与艺术性要求，充分利用自然光，采用多种照明方式。

（2）居住照明应选用节能环保，有国家质量认证标志的光源、灯具及其附件和控制电器。

（3）居住照明设计应符合《建筑照明设计标准》GB 50034—2013 等有关规定。

2. 照明光源、灯具及附件

（1）光源应选用高光效、寿命长、显色性好、开关控制简便的光源。灯具应根据场所功能及室内设计要求，选用高效率灯具。荧光灯应采用电子镇流器或节能型电感式镇流器，功率因数不小于 0.9。

（2）起居室（厅）、过道和卫生间的灯开关，宜选用夜间有光显示的面板。

（3）卫生间等潮湿场所宜采用防潮易清洁的灯具，且不应安装在浴室的（淋浴区）0、1 区内，灯具、浴霸开关宜装于卫生间门外。浴室（淋浴区）0、1、2 区内严禁设置照明开关及接线盒。

（4）厨房屋顶中央宜安装防潮易清洁的灯具，操作台面上的橱柜装有局部照明时应采取安全防护措施。厨房照明的灯开关宜安装在厨房门外。

（5）照明控制卧室顶部照明灯具宜选用双控开关，分别装在卧室床头和卧室门内。起居室、卧室宜采用调光或分级控制。有条件的住宅可采用智能开关控制，卫生间（浴室）宜采用人体感应开关。

### 2.1.4 接地与等电位联结

1. 按规定要求

套内的配电系统应配有 PE 线。装修后应保证等电位联结的有效性及可靠性。

2. 接地

住宅建筑户内下列电气装置的外露可导电部分均应可靠接地：固定家用电器、手持式及移动式家用电器；家居配电箱、家居配线箱、家居控制器的金属外壳；缆线的金属保护导管、接线盒及终端盒；Ⅰ类照明灯具的金属外壳。照明及插座回路 PE 线截面积应与相线等截面。

3. 等电位联结

（1）设有洗浴设备的卫生间应做局部等电位联结。局部等电位联结应包括卫生间内金属给水排水管、金属浴盆、金属洗脸盆、金属采暖管、卫生间电源插座的 PE 线以及建筑物钢筋网。

（2）装修时，等电位联结端子箱不得拆除和覆盖。局部等电位联结线应采用不小于 2.5mm² 的铜芯软导线，且穿绝缘导管敷设。

### 2.1.5 家装智能化系统设计

1. 家装智能化设计布线原则

适应为主，适当超前。

2. 智能配线箱

（1）每套住宅应设置智能配线箱。智能配线箱内根据住户需要安装电视模块、语音模块、数据模块、光纤模块、音响模块、物业模块、保安监控模块。

（2）智能配线箱安装位置：宜安装在户内门厅或起居室便于维修维护处，箱底宜距地 0.5m。家居配线箱内应预留 AC 220V 电源，并宜采用单独回路供电。

（3）上网方式：家装工程中上网方式，宜采用有线为主，无线为辅。

3. 信息插座设计

（1）信息插座种类选择：信息插座宜选用双位信息插座面板。

（2）凡安装语音接口的位置宜预留数据接口位置，凡安装电视接口的位置宜预留数据接口。

（3）信息插座的高度：插座底边离地面宜 0.3 ～ 0.5 m，并应与电源插座安装高度保持一致。

（4）信息插座位置设计：依据信息智能设备、器材使用区域位置进行设计。智能系统的路由器，线管铺设要充分考虑与建筑结构墙面的关系，和强电布线、给水排水管路之间的配合，以及管线之间的关联性。即在安全使用的前提下，铺设使用方便，又不产生电磁波干扰。

## 2.1.6 家居智能化系统配置

配置布线分为低配置、中配置、高配置三种类型。每种类型插座面板见表2-1。

信息插座配置说明配置表　　　　表2-1

| 房间 | 低配置/基础配置 | | | 中配置/扩展配置 | | | 高配置/智能配置 | | | |
|---|---|---|---|---|---|---|---|---|---|---|
| | 信息插座 | 电视插座 | 光纤插座 | 信息插座 | 电视插座 | 光纤插座 | 信息插座 | 电视插座 | 光纤插座 | 影音分配和背景音乐插座 |
| 起居室 | 2 | 1 | 按需 | 2 | 1 | 按需 | 2 | 1 | 按需 | 按需 |
| 卧室 | 2 | 1 | | 2 | 1 | | 2 | 1 | | |
| 书房 | 2 | 1 | | 2 | 1 | | 2 | 1 | | |
| 餐厅 | — | — | | 1 | — | | 2 | — | | |
| 厨房 | 按需 | — | | 1 | — | | 2 | — | | |
| 卫生间 | | 1 | — | | 2 | — | | | |

## 2.1.7 智能信息终端模块及线缆选型

1. 住宅装修信息终端模块选用

（1）数据模块应采用RJ45接口，性能等级应达到5e类或以上。

（2）语音模块宜采用RJ45接口。

（3）同轴电缆连接器应采用F型。

（4）住宅智能控制系统、安保系统、音视频分配等系统的配线模块应保证支持各系统工作的可靠性，性能应符合相应产品标准要求。

2. 住宅装修信息线缆的选用

（1）住宅装修用的信息线缆应采用铜质导体。

（2）语音/数据线缆应选用5e类或以上等级的$100\Omega$阻抗4对对绞电缆。

（3）有线电视电缆应选用特性阻抗$75\Omega$的物理发泡聚乙烯绝缘同轴电缆。

（4）住宅智能控制系统、安保系统、音视频分配等系统的信息线缆应保证支持各系统工作的可靠性，性能应符合相应产品标准要求。

## 2.1.8 智能信息控制器

（1）住宅装修时，不应破坏原有的家居控制器功能。

（2）装修后实现智能化的住宅建筑可选配家居控制器。

（3）智能信息控制器宜将家居报警、家用电器监控、能耗计量、访客对讲及出入口门禁控制等集中管理。

（4）智能信息控制器的使用功能应根据使用者需求、投资状况和管理能力确定。

（5）固定式智能控制器宜安装在起居室内，箱底安装高度宜为 1.3 ~ 1.5m。

（6）家居智能报警宜包括火灾自动报警和入侵报警。

（7）家居智能信息控制器对家用电器的监控，应考虑两者之间的通信协议。

## 2.2　家装电气设计图纸

### 2.2.1　家装电气图纸

（1）住宅原始结构图、配电系统图、若干电气平面图、电气设计人员必须提供配套齐全的图纸，有利于施工人员安装，以及维修电气、信号线路时作为参考。由于图纸技术性较强，家装公司可拍摄现场布线照片或录像，交业主存档。或应提醒业主自行备份布线的照片、录像等素材，以便日后维修时所用。

（2）配电箱系统图

1）配电箱系统图是电气设备、照明产品供电的方案，是住宅供电的分配总图。

2）系统图主要包含以下内容：住户的用电总负荷，总线开关的选型，分支回路的种类、数量，以及每个分支回路的用电负荷、保护开关的选型、线径、电线品种。

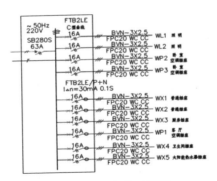

**图 2-1　配电箱系统图**

FT2LE—断路器型号；BVN—聚氯乙烯尼龙护套铜芯线；FPC20—外径为 20mm 的阻燃半硬塑料导管；WC—暗敷设在墙内；CC—暗敷设在屋面或顶板内

### 2.2.2　电路平面图应用

1. 平面图也叫布置图或位置图

（1）平面图表示电源进户线，信号进户线的位置、高度与方式。

（2）线管敷设的规格、根数。

（3）各类设备、家用电器、各种面板的位置与要求。如：灯具、插座、开关、面板等。

（4）家装常用的电气平面图有五种：配电箱系统图、灯具布置图、插座布置图、照明开关布置图、弱电布置图。

2. 电气平面图施工说明

（1）为了工程人员、操作工人更清楚地掌握配电（箱）系统图、平面布置图的设计意图。在施工图中用文字和表格说明。

（2）文字部分：技术要求、图例。

（3）表格部分：导线穿管配置表、分支回路的配线表。

（4）相关注意要点：在实际施工中，要掌握电气设计与装饰结构，家具摆放，了解安装中是否有冲突之处。若影响装饰外观，影响开关开启方式，影响插座使用便利，应及时作出调整方案。

## 2.3 家装电路与电气器材

### 2.3.1 设计步骤

（1）依据住宅原结构平面图与客户进行充分沟通，了解其需求，包括：居住人群数量、是否需要独立儿童书房，以及个人偏好，对电气设备的需求。当遇到别墅装修工程时，还应考虑大型设备的用电需求。如：新风系统、中央空调系统、地采暖系统、设备间用电、智能化控制系统、安防监控系统。在别墅、大宅中强弱电工程改造时，应有专业机电设计人员参与设计。

（2）对装修现场进行实地勘察。查看了解原家居配电箱位置、电气设备插座、电路分支走向等信息。

（3）根据装修工程平面图中家具、家电大致的摆放位置，确定电源插座位置及高度；与施工人员确认现场实际操作的可行性。

1）确定照明灯具位置。

2）确定照明灯具开关位置。

3）绘制配电系统图、电气平面图、弱电布置图。

4）确定强电线路安全的敷设方式。

5）确定弱电系统各信息使用点位置。

6）绘制平面施工图，确定弱电线路敷设方式。

（4）装修新配电箱的位置设计，配电箱应选择正规厂家生产的产品，宜选用非金属外壳的Ⅱ类设备。配电箱有暗装式和明装式，正常情况下应选择暗装。

### 2.3.2 配电箱常规进线设计

（1）普通平层住宅进户线为 10 ~ 16mm²。

（2）复式、叠拼双层住宅进户线 16mm²。

（3）联排、别墅进户线为 25mm²。

（4）进户线截面积应按每户用电负荷容量选取，宜按下列标准选取：

1）用电负荷 ≤ 4kW 的套型，进户线不宜小于 10mm²；

2）4kW < 用电负荷 < 8kW 的套型，进户线不宜小于 16mm²；

3）8kW < 用电负荷 < 12kW 的套型，进户线不宜小于 25mm²；

4）用电负荷 > 12kW 的套型，进户线按配电断路器容量选取。

### 2.3.3 套内分支回路的设计

1. 导体电线选择

国家《住宅设计规范》GB 50096—2011 强制规定："导线应采用铜线。"家装电气线路应选择铜质导线，严禁选用淘汰的铝质导线。

2. 分支回路

（1）分支回路一般按使用功能划分，而非按卧室数目划分。

（2）每套住宅应设置不少于 1 个照明回路，回路所带的灯具数量不应超过 25 个，电流不应超过 16A。

（3）装有空调的住宅，应按空调台数及用电数量设置空调插座。柜式空调应单独设置一个回路。严格区分出 L 线（相线）、N 线（零线）、PE 线（接地保护线），当计算电流 $I$ 大于 16A，断路器应放大选择 20A。

（4）厨房应设置不少于一个电源插座回路。如：热水器、抽烟机、微波炉、电饭煲、软水器、厨宝等。

（5）若装有电热水器的卫生间，应设计不少于一个电源回路。如：卫生间常用的有浴霸灯具、小电功率工具插座、电热水器。

（6）每一个电源回路，插座数量不宜超过 10 个。安装功率大于或等于 2kW 设备、器材，应单独设置配电回路。

3. 分支线径、保护装置选择

（1）各分支回路的线径应根据电流、负荷来选择。表 2-2 为一般的回路铜线截面选择供参考。

| 回路与线径的选择参考表 | 表 2-2 |
|---|---|
| **项目** | **建议配置** |
| 照明 | 1.5mm²（800W 以上一律使用 2.5mm² 的线） |

续表

| 项目 | 建议配置 |
|---|---|
| 普通电源插座 | $2.5 \sim 4mm^2$ |
| 空调插座 | 壁挂式单台回路可选 $2.5mm^2$ |
| | 壁挂式多台回路宜选 $4mm^2$ 或以上 |
| | 落地式空调回路宜选 $4mm^2$ |
| 厨房回路 | $4mm^2$ |
| 热型热水器 | 单独设置一个回路，宜选 $4mm^2$ 或以上 |

（2）保护装置选择

保护装置是指在发生短路或超负荷时，能瞬间跳闸的开关。它能防止漏电意外。保护装置一般是指断路器（空气开关）。

选择时不能选剩余电流太大的短路器。不然回路电流过大，导线过热，会发生电线自燃，发生住宅火灾。正确的方法是应根据电路负荷计算出电流，按电流大小再进行选择（表2-3）。

断路器整定值与导线截面的配合参考表　　　表2-3

| 断路器整定值（A） | 铜导线截面（$mm^2$） |
|---|---|
| 16 | 2.5 |
| 20 | 4 |
| 25 | 6 |
| 32 | 10 |

## 2.3.4　电源插座设计选择

1. 家装插座种类

目前常用的电源插座为：两孔插座、三孔插座、四孔插座、五孔插座。宜选择带安全门的插座(尤其是有儿童的家庭)。其他特殊性能电源插座：带开关插座、防溅盒插座、多功能插座。

（1）电源插座与家用电器的配合：金属外壳电器采用三脚插头，如冰箱、电脑。非金属外壳电器采用两脚插头，如电吹风机、电视机、机顶盒等。

（2）家装电源插座普遍选择五孔插座，但设计师在选择电源插座种类时，应配合该区域常用的家电。

（3）电视墙区域的家电大多都是两脚插头，宜使用四孔插座与五孔插座，而非简单全部使用五孔插座。

（4）电视机、空调等不需要长期通电的设备，可使用带开关的插座，有效降低待机能耗，方便节能。

2. 插座高度及间距

（1）住宅插座普通高度距地 0.3 ~ 0.5m。

（2）插座高度设计应依据使用情况合理设置，配合该区域摆放的家具尺寸以及使用的家电种类。如：书桌、矮柜所用的插座，宜安装在家具使用平面高度上方 15cm 处。

（3）插座间距

装修时应保证每面墙上都安装有电源插座，插座间距不宜大于 3.6m，距门不宜大于 1.8m。因为目前国内家电电源线长一般为 1.2 ~ 1.5m，这样的间距能保证家电无论从左或者右都能获取电源。

## 2.4 住宅各功能区域电源插座配置

### 2.4.1 电源插座推荐案例参考

住宅各功能区域电源插座配置推荐参考见表 2-4。

住宅各功能区域电源插座配置推荐参考表　　表 2-4

| 功能区域 | | 安装高度（插座底边离地距离） | 高配置 | 中配置 | 低配置 |
|---|---|---|---|---|---|
| 客厅 | 电视墙 | 距地 60cm | 带开关的四孔插座 3 个 | 带开关的四孔插座 3 个 | 四孔插座 2 个 |
| | | | 带开关的五孔插座 3 个 | 带开关的五孔插座 2 个 | 五孔插座 2 个 |
| | 沙发墙（沙发居中摆放） | 距地 30cm | 五孔插座两侧各 1 个 | 五孔插座两侧各 1 个 | 五孔插座其中一侧 1 个 |
| | 沙发墙（一侧靠墙摆放） | | 五孔插座 1 个 | 五孔插座 1 个 | 五孔插座 1 个 |
| 卧室 | 床头（床居中摆放） | 距地 60cm | 五孔开关 1 个 | 五孔开关 1 个 | 五孔开关 1 个 |
| | | | 四孔开关 1 个 | 四孔开关 1 个 | — |
| | 床头（床一侧靠墙摆放） | 距地 30cm | 五孔开关 1 个 | 五孔开关 1 个 | 五孔开关 1 个 |
| | 床尾 | 距地 30cm | 五孔插座 1 个 | 五孔插座 1 个 | 五孔插座 1 个 |
| 书房 | 书桌 | 距地 1m（即书桌上 15cm）或距地 30cm | 五孔插座 3 个 | 五孔插座 2 个 | 五孔插座 2 个 |
| 厨房 | 操作台上方（电饭煲、咖啡机等临时厨电） | 距地 1.1 ~ 1.5m（或根据具体情况配合橱柜公司设计） | 带开关的五孔插座 3 个 | 带开关的五孔插座 2 个 | 带开关的五孔插座 1 个 |
| | 操作台下方（消毒碗柜、电烤箱等） | 根据具体情况配合橱柜公司设计 | 五孔插座 2 个 | 五孔插座 1 个 | 五孔插座 1 个 |

续表

| 功能区域 | | 安装高度<br>（插座底边离地距离） | 高配置 | 中配置 | 低配置 |
|---|---|---|---|---|---|
| 厨房 | 抽油烟机、排气扇 | 距地 1.8 m | 五孔插座 2 个 | 五孔插座 2 个 | 五孔插座 1 个 |
| | 电冰箱 | 距地 30～50cm | 五孔插座 1 个 | 五孔插座 1 个 | 五孔插座 1 个 |
| 餐厅 | 餐桌 | 距地 1m（即餐桌上 15cm）或距地 30cm | 五孔插座 1 个 | 五孔插座 1 个 | 五孔插座 1 个 |
| 卫生间 | 马桶旁 | — | 五孔插座 1 个 | — | — |
| | 洗漱盆 | 距地 1.2 m | 五孔插座 2 个 | 五孔插座 1 个 | 五孔插座 1 个 |
| | 洗衣机 | 距地 1.1～1.5m | 五孔插座 1 个 | 五孔插座 1 个 | 五孔插座 1 个 |
| | 电热水器 | 严禁安装在浴室的0、1、2区，距地 1.8m | 带开关的五孔插座 1 个 | 带开关的五孔插座 1 个 | — |
| 阳台 | | 距地 1.2 m | 带防溅盒五孔插座 1 个 | 带防溅盒五孔插座 1 个 | 带防溅盒五孔插座 1 个 |

（1）插座区域推荐，按功能区域划分单元。

1）起居室（电视墙、沙发两侧）、阳台为一个单元；

2）卧室（床头侧、床尾侧）；

3）书房（电脑桌）；

4）厨房、餐厅；

5）卫生间（浴室）。

（2）插座设计的数量、规格、功能标准中已详细作了规定，不再重复。

## 2.4.2 照明与开关选择

1. 家装照明设计原则

家装照明应使人在居室环境里能清晰地看清事物，还必须给人舒适感。即在整个视野内，有足够的照度和合理的亮度分布。

2. 家装照明设计依据

在保证安全、节能的前提下进行。要掌握影响照度的三因素：功率大小、灯罩性质、灯头形状。亮度三因素：物体的视角、物体与背景光亮对比、背景颜色。即照明设计要依据每一个厅房小单元，对照度和亮度综合考虑设计。

3. 照明光源

家装照明光源简单划分为：主光源、次光源、辅助光源、暖光源、冷光源、艺术光源等。按室内装修效果需要，采用合理的光源。

4. 照明标准

规范中是以工程设计角度，作了明确的规定。照明颜色、强弱、方式可根据艺术性设计。

5. 灯具及附件

（1）灯具应选择安全、节能、高效、耐用、正规厂家产品。在浴室里不应安装在 0 区、1 区。

（2）灯具设计时，还应考虑防火、安装固定的使用方式。

6. 照明开关设计

（1）照明开关种类选择

起居室（厅）、过道和卫生间的灯开关，宜选用夜间有光显示的板。其他区域根据照明灯具，考虑使用的便利性，相应选用单联、多联开关。

厨房、阳台开关，安装应当尽可能不要靠近用水、溅水的区域。如无法避免，应加配开关防溅盒。

（2）照明开关设计高度

普通家装照明开关位置高度距地 1.4m（面板下沿距地 1.3m）。开关位置应远离厨房明火。卫生间（浴室）严禁淋浴水溅到开关及接线盒的上面。

7. 双控功能设计

为方便住户在不同地方控制同一盏灯的开、关，以下区域的开关宜设计双控功能：玄关处与客厅主照明开关设计双控功能、卧室进门处与床头照明开关设计双控功能。

## 2.5　家装电气设备、智能化信息器材

住宅常用大功率电器普通有电加热水器、柜式空调、电烤箱、柜式冰箱以及中小型用电器洗衣机、厨宝、电饭煲、电水壶、电饼铛、家庭影视、音响设备、微波炉、吸尘器、厨具电动设备等，还有别墅设备间、新风系统、中央空调、家庭影视、音响设备等（表 2-5）。

常用家用电器功率范围　　　　　　　　　　　　　　　　表 2-5

| 电器名称 | 电功率范围 | 电器名称 | 电功率范围 |
| --- | --- | --- | --- |
| 壁挂空调 | 800 ~ 1500W | 微波炉 | 500 ~ 1000W |
| 电热水器 | 2000 ~ 3000W | 电饭煲 | 1000 ~ 1500W |
| 电饼铛 | 1500 ~ 2000 W | 电冰箱 | 100 ~ 350W |
| 厨宝 | 1500 ~ 2000W | 音响设备 | 300W 以内 |
| 吹风机 | 500 ~ 1500W | 洗衣机 | 120 ~ 140W |
| 厨房电磨机 | 500 ~ 1000W | 吸尘器 | 1500 ~ 1800W |
| 烤箱 | 500 ~ 2000W | 电视机 | 60 ~ 200W |
| 柜式空调 | 1500 ~ 3500W | 卫生间浴霸 | 650 ~ 1300W |

（1）选择要求：空调、电加热器必须用 4 平方导线。选用带开关的独立电源插座。中央空调根据实际电功率，选取相应的导线截面积。

（2）住宅主要电气器材、智能化信息器材

1）电气系统：配电箱、断路器（空气开关）、导线、线管、照明开关、电源插座、导线连接器（接线端子）、灯具类、面板等。

2）智能化系统（弱电类）：信息配线箱、家居（自动）控制器、路由器、信息智能导线、各种信息接线面板等。

3）智能配线箱：由住宅电话、网络、电视模块组成（通过布线将信息传输到信息插座）。也可以叫做住宅家庭网络信息中心。

4）路由器：多台电脑在不同房间上网的信息器材。

5）家庭网关：是网络连接智能化设备的器材。它带有不同种类的接口（太网口、USB、Wifi 等）。家庭网关可以理解为起到交换机的作用。分配网络数据。

## 2.6 住宅给水排水设计

### 2.6.1 设计基本要求

（1）住宅各类生活供水系统水质应符合国家现行有关标准的规定。

（2）入户管的供水压力不应大于 0.35MPa。

（3）套内用水点供水压力不宜大于 0.20MPa，且不应小于用水器具要求的最低压力。

（4）住宅生活热水的设计应符合下列规定：

1）集中生活热水系统配水点的供水水温不应低于 45℃。

2）集中生活热水系统应在套内热水表前设置循环回水管。

3）集中生活热水系统热水表后或户内热水器不循环的热水供水支管，长度不宜超过 8m。

### 2.6.2 给水排水设备设计

（1）卫生器具和配件应设计采用节水型产品。管道、阀门和配件应采用不易锈蚀的材质。

（2）厨房和卫生间的排水立管应设计分别排放设置。排水管道不得穿越卧室。

（3）排水立管不应设置在卧室内，且不宜设置在靠近与卧室相邻的内墙中；当必须靠近与卧室相邻的内墙时，应设计采用低噪声管材。

（4）污废水排水横管宜设置在本层套内；当敷设于下一层的套内空间时，其清扫口应设置在本层，并应进行夏季管道外壁结露验算和采取相应的防止结露的措施。污废水排水立管的检查口宜每层设置。

（5）设置淋浴器和洗衣机的部位应设置地漏，设置洗衣机的部位宜设计采用能防止溢流和干涸的专用地漏。洗衣机设置在阳台上时，其排水不应排入雨水管。

（6）无存水弯的卫生器具和无水封的地漏与生活排水管道连接时，在排水口以下应设计存水弯；存水弯和有水封地漏的水封高度设计不应小于50mm。

（7）地下室、半地下室中低于室外地面的卫生器具和地漏的排水管，不应与上部排水管连接，应设置集水设施用污水泵排出。

（8）采用中水冲洗便器时，中水管道和预留接口应设明显标识。坐便器安装洁身器时，洁身器应与自来水管连接，严禁与中水管连接。

### 2.6.3 室内给水系统安装设计

（1）给水管道必须设计采用与管材相适应的管件。生活给水系统所涉及的材料必须达到饮用水卫生标准。

（2）管径小于或等于100mm的镀锌钢管应采用螺纹连接，套丝扣时破坏的镀锌层表面及外露螺纹部分应做防腐处理；管径大于100mm的镀锌钢管应采用法兰或卡套式专用管件连接，镀锌钢管与法兰的焊接处应二次镀锌。

（3）给水塑料管和复合管可以采用橡胶圈接口、粘结接口热熔连接、专用管件连接及法兰连接等形式。塑料管和复合管与金属管件、阀门等的连接应使用专用管件连接，不得在塑料管上套丝。

（4）给水铸铁管管道应设计采用水泥捻口或橡胶圈接口方式进行连接。

（5）铜管连接可设计采用专用接头或焊接，当管径小于22mm时宜采用承插或套管焊接，承口应迎介质流向安装；当管径大于或等于2m时宜采用对口焊接。

（6）给水立管和装有设计3个或3个以上配水点的支管始端，均应安装可拆卸的连接件。

（7）冷、热水管道同时安装应符合下列设计要求：上、下平行安装时，设计热水管应在冷水管上方；垂直平行安装时，设计热水管应在冷水管左侧。

### 2.6.4 给水管道及配件安装设计

（1）室内给水管道的水压试验必须符合以下设计要求：各种材质的给水管道系统试验压力均为工作压力的1.5倍，但不得小于0.6MPa。金属及复合管给水管道系统在试验压力下观测10min，压力降不应大于0.02MPa，然后降到工作压力时，应不渗不漏；塑料管给水系统应在试验压力下稳压1h，压力降不得超过0.05MPa，然后在工作压力的1.15倍状态下稳压2h，压力降不得超过0.03MPa，同时达到设计要求，各连接处不得渗漏。

（2）室内直埋给水管道（塑料管道和复合管道除外）应设计做防腐处理。埋地管道防腐层材质和结构应符合设计要求防腐规定。

（3）给水引入管与排水排出管的水平净距不得设计小于 1m。室内给水与排水管道平行敷设时，两管间的最小水平净距不得小于 0.5m；交叉铺设时，垂直净距不得小于 0.15m。给水管应铺在排水管上面。

（4）给水水平管道应按设计要求，有 2‰—5‰（即千之二至千之五）的坡度坡向泄水装置。

（5）水表应设计安装在便于检修、不受暴晒、污染和冻结的地方。安装螺翼式水表，表前与阀门应有不小于 8 倍水表接口直径的直线管段。表外壳距墙表面净距为 10～30mm；水表进水口中心标高按设计要求偏差为 ±10mm 以内。

## 2.7 整体卫生间给水排水设计

### 2.7.1 整体设计基本要求

（1）整体卫生间的给水排水设计应符合现行国家标准《建筑给水排水设计规范》GB 50015—2003 的规定。

（2）整体卫生间的给水设计应符合下列要求：

1）应根据所采用整体卫生间的接管要求选择管材、管径，并进行预留。

2）预留管道宜靠近整体卫生间的接管位置，并设置检修用阀门。

3）预留管道不得埋设在承重结构内，宜在管井、管窿、吊顶内敷设。

4）预留管道宜选用与整体卫生间接管相匹配的材质和连接方式。当选用不同材质的管道时，应有可靠的过渡连接措施。

5）设置阀门和敷设管道的部位应保证有便于安装和检修的空间。

6）在整体卫生间内安装的电热水器必须带有漏电保护的安全装置。当采用塑料给水管道时，应有不小于 400mm 的金属管段与电热水器连接。

7）非嵌墙敷设的热水管道应有保温措施。

8）各预留管道外壁应按设计规定涂色或标识。当使用非传统水源时，其供水管必须采取确保防止误接、误用、误饮的安全措施。

（3）整体卫生间的排水设计应符合下列要求：

1）应根据所采用整体卫生间的接管要求选择管材、管径，并进行预留。

2）宜采用同层排水方式。

3）当采用同层排水方式时，应按所采用整体卫生间的接管要求确定降板区域和降板深度，并应有可靠的防渗水措施。

4）当采用异层排水时，在管道穿楼板处应采取设置止水环、橡胶密封圈等防渗水措施。

5）从排水立管或主干管接出的预留管道，应靠近整体卫生间的主要排水部位。

6）敷设管道的部位应保证有便于安装和检修的空间。

7）预留管道宜选用与整体卫生间接管相匹配的材质和连接方式。当选用不同材质的管道时，应有可靠的连接措施；不得设置串联存水弯。

8）当采用分质排水时，不同水质的排水管道外壁应按设计规定标识。

## 2.7.2 水路设计改造材料选择

（1）给水管家装是 PPR（PB）材质，以及不锈钢水管（304 不锈钢、316L 不锈钢）、铜质水管等。管径常用尺寸有直径 20mm 和 25mm。

（2）排水管家装是 UPVC 材质，常用尺寸有直径 50mm、75mm、110mm，以及铸铁排水管路（别墅采用）。

（3）水路验收要点：在压力 0.6 ~ 0.8MPa 之间，保压 40min 不掉压。微降在 0.06MPa 以内。家装检测为合格。

（4）水路改造设计要求

1）水路改造设计应直上直下，不宜横向开槽。

2）当卫生间顶面水管敷设时，设计水管在电线管下层。

3）水管管卡间距，按设计工艺要求不得大于 100cm。

# 2.8 卫生间排水改造设计

## 卫生间横支管设计敷设

1. 排水管线设计选用

（1）卫生洁具排水横支地面设计敷设管线宜选用无内螺旋的 PVC-U 排水管线（内螺旋排水管内壁突出的电流螺旋筋会遗挂污垢，降低排水能力）。

（2）排水管道设计管径，常规为坐便器 $DN \geq 110mm$；浴缸及淋浴房 $DN \geq 75mm$；洗手盆、普通地漏 $DN \geq 50mm$。

2. 排水管道坡度

排水横支管的排水坡度设计要求，常规 $DN110$ 标准坡度 26‰，最小坡度 4‰；$DN75$ 标准坡度 26‰，最小坡度 7‰；$DN50$ 标准坡度 26‰，最小坡度 12‰。

3. 洁具地面排水管线预留接口位置设计

排水管线接口中心距墙面完成面尺寸（参考市场主流品牌洁具尺寸）：浴缸 280mm；坐便器 305mm（或 400mm）；柱盆 205mm；台盆 150mm；地漏（淋浴间地漏除外）150mm。施工时按所选洁具的具体型号尺寸以确定排水管接口中心实际预留尺寸。

4. 高级排水管线设计连接

（1）排水横支管在直角转弯处采用 2 个 45° 弯头（图 2-2）；排水横支管之间水平连接时，要求设计采用 45° 斜三通（Y 形三通）。

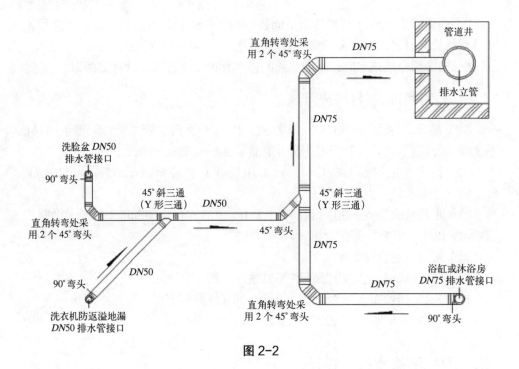

图 2-2

（2）干湿分区卫生间，洗衣机排水与浴室柜排水在同一个区域时，洗衣机地漏排水管接口严禁垂直连接在排水横支管上，要求采用 45°斜三通（Y 形三通）做水平连接（图 2-3）。

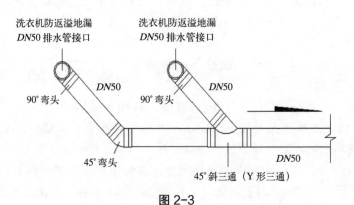

图 2-3

## 3.1 装修污染来源

装修污染甲醛（图 3-1）等主要来自室内装修中使用大量的化工原材料，如板材胶粘剂、油漆、稀料及各种有机溶剂等，都含有大量的有机化合物，经装修后挥发到室内。同时，新装修的房子购置沙发、各种柜子、餐桌椅、木作床具等，家具生产中所用化工胶粘剂、面层油漆等污染物质，也会带入新装修的房子中，叠加了房屋装修污染物质的挥发。

图 3-1

### 3.1.1 甲醛的室内装修污染

甲醛（化学分子式 HCHO）易溶于水，以水溶液形式出现。它有凝固蛋白质的作用。甲醛在常温下是气态，通常以 35% ~ 40% 的甲醛溶于水的水溶液叫做福尔马林。

甲醛的主要危害表现为对人体呼吸系统有刺激作用，甲醛是原浆毒物质，能与蛋白质结合。长期接触高浓度游离室内空气中甲醛，长期吸入时出现呼吸道严重的刺激和水肿、眼刺激、头痛。吸入一定浓度甲醛时可诱发支气管哮喘，从而引起人体生理病变。

（1）在建筑装修材料中，会用到各类胶粘剂（酚醛树脂胶）制作的人造合板、细木工板（图3-2）、纤维板、刨花板（图3-3）等。

图3-2                                图3-3

（2）含有甲醛成分并有可能向外界散发的装饰材料，如有机胶粘剂等。

（3）有可能散发甲醛的室内生活家具，如餐桌椅、沙发、板式衣柜、化纤地毯等。

（4）很多新房装修完，都能明显闻到一股浓重的漆、胶气味，时间长了还会有一系列的不适感。装修中用到的地板、室内门、衣柜、沙发中用到的人造板材，都使用了大量的胶粘剂，胶粘剂是游离甲醛的主要来源。

### 3.1.2 苯的室内装修污染

苯（C6H6）是一种碳氢化合物即最简单的芳烃，在常温下是甜味、可燃、有致癌毒性的无色透明液体，并带有强烈的芳香气味。它难溶于水，易溶于有机溶剂，本身也可作为化工材料的有机溶剂。

（1）苯系化合物主要从油漆中挥发，苯、甲苯、二甲苯是油漆中不可缺少的溶剂物质。

（2）苯是各种油漆（图3-4、图3-5）涂料的添加剂和稀释剂。苯在各种建筑装饰材料的有机溶剂中大量存在，比如装修中俗称的稀料，主要都是苯、甲苯、二甲苯。

（3）各种胶粘剂，特别是溶剂型胶粘剂在装饰行业仍有一定市场，而其中

图 3-4

图 3-5

使用的溶剂多数为甲苯，其中含有 30% 以上的苯，但因为价格、溶解性等原因，一些企业仍在采用。一些家庭购买的家具、餐桌椅、沙发、木床释放出一定量的苯，主要原因是在生产中使用了含苯高的胶粘剂。

### 3.1.3 TVOC（总挥发性有机物）

TVOC 是建筑装饰装修中，所有室内有机污染气态挥发物质总称，包括装修污染、材料污染、家具带入的污染。TVOC 有臭味，表现出微毒性、微刺激性、组织成分比较复杂。不断被合成出新的化学种类成分，是多种有毒性有害气体的综合体。主要来源于各种油漆、封边各类胶粘剂及各种人造材料热敏胶等。TVOC 能引起机体免疫水平失调，刺激皮肤及神经系统，影响中枢神经系统功能，产生一系列的过敏症状及神经行为异常，还可能会导致消化系统出现不正常等。严重时甚至可能诱发人体器官各种病变的可能。

## 3.2 室内环境的指标限量

### 3.2.1 室内空气质量的检测项目

甲醛、苯、TVOC、氨、氡、甲苯、二甲苯、可吸入颗粒物、一氧化碳、二氧化碳、细菌总量、二氧化硫、臭氧、氮氧化物等，一般来说，新居装饰装修后比较关注的是甲醛、苯、TVOC、二甲苯、氡和石材放射性。

### 3.2.2 《民用建筑工程室内环境污染控制规范》GB 50325—2010（2013 版）中规定的对室内环境污染物浓度指标的限量要求

Ⅰ类民用建筑: 住宅、老年住房、幼儿园、学校教室、医院等。
Ⅱ类民用建筑:办公楼、旅店、文化娱乐场所、书店、展览馆、体育馆、商店、公共交通候车室、饭店餐厅等（表 3-1）。

室内环境污染物浓度指标的限量要求　　　　　　　表 3-1

| 污染物 | Ⅰ类民用建筑工程 | Ⅱz类民用建筑工程 |
|---|---|---|
| 甲醛（mg/m³） | ≤ 0.08 | ≤ 0.1 |
| 苯（mg/m³） | ≤ 0.09 | ≤ 0.09 |
| TVOC（mg/m³） | ≤ 0.5 | ≤ 0.6 |
| 氡（Bq/m³） | ≤ 200 | ≤ 400 |
| 氨（mg/m³） | ≤ 0.2 | ≤ 0.2 |

### 3.2.3　室内环境检测的注意事项

根据国家相关标准，业主委托检测时常规应注意：

（1）如果家庭居室总数少于 3 间时，应全数检测。当模拟测试或样板本间测试合格时，抽验数量可减半。

（2）当房间面积小于 50m² 时，设一个检测点；当房间面积在 50～100m² 时，最好设 2 个检测点；房间面积大于 100m² 时要设 3 个以上检测点。

（3）检测点应距离内墙壁 0.5～1m、高度 0.8～1.5m 处均匀分布，检测点应避开通风口。进行居室环境检测，应将对外门窗关闭 1h 以上，并且现场检测，不应在 5 级以上大风天气条件下进行。

（4）根据检测物的不同，其检测方法应该采用国家标准方法：

1）甲醛：AHMT 分光光度计法，现场空气取样，实验室分析。

2）氨气：次氯酸钠水杨酸分光光度计法和纳氏试剂分光光度计法，现场空气采样，实验室分析。

3）苯：气相色谱法，现场空气采样，实验室分析。

4）TVOC：现场空气取样，实验室分析。

5）氡和建筑材料的放射性：现场仪器测试法。

由于检测行业具有很强的专业性，所以业主在委托检测时，一定要了解对方是否具有相应政府颁发的资质。

### 3.2.4　选择室内环境检测机构的事项

（1）国家相关部门批准从事检测业务的专业机构，必须经过国家 CMA 认证，CMA 认证必须包括室内环境检测项目。

（2）使用符合国家标准项目专门独立的实验室。

（3）能够出具符合国家规范并带有 CMA 标志的检测。

（4）检测人员具有《室内环境检测职业资格证书》。

## 3.3 民用建筑室内装修污染治理

### 3.3.1 简单自我检测

在发现室内空气有可能污染物超标时，我们首先要检测一下房屋内甲醛的含量，这里给大家介绍的是家装甲醛、苯系物检测的自测盒（图 3-6、图 3-7）。优点就是简单方便使用，10 ~ 30 元钱左右一盒，原理类似 pH 试纸，把试剂放在房间一定时间后，通过颜色的深浅来判断甲醛浓度，颜色越深，浓度则越高。测试结果可作大致的参考。如果室内甲醛含量严重超标的话，最好先不要入住，找专门的机构来检测，能确保结果的精准性。

图 3-6　甲醛检测盒　　　　　图 3-7　苯系物检测盒

### 3.3.2 家装常用的几种污染治理方法

1. 通风换气法

开窗通风，流通的空气可将室内的粉尘、悬浮颗粒以及一些有害气体排散出去。甲醛沸点 –19.5℃，温度越高，释放越多，所以在夏天开窗通风尤为重要。

但是由于甲醛、苯持续挥发时间长达几年之久，所以这种方法也只适用于轻度污染，效果有限，坚持一定时间才能有一些作用。最好在基础装修完毕后，在安装窗帘、安装空调、进家具时，坚持每次都进行开窗通风。必要时，打开入户门，形成室内空气对流。

一般在产品表面的游离污染物，可以较快的挥发，经过通风排除到室外。通风后家中用简单测试法，若污染物仍然超标，则需要配合使用其他方法进行彻底治理。

2. 气味消除法

（1）我们常听说很多除甲醛、苯的偏方，其实都是误区。像用柚子皮或是空气清新剂来除甲醛都是作用很小的，这类方法只是简单地利用它们本身的香味覆盖了甲醛的刺激性气味而已，对消除甲醛并没有什么实质的帮助。

（2）还有些人会利用甲醛等污染物溶于水的特性，在房间内放置清水或茶水，试图让空气中的甲醛溶于水中。但是一盆水与空气的接触面积只有盆口的大小，空气中呈游离状态的甲醛，遇水溶解的几率实在是太低了。

（3）再者就是食醋熏蒸法，它的确是可以杀死空气中的细菌、病毒等一些微生物，但是甲醛是非活性分子根本不能被杀灭。

3. 植物消除法

目前社会上有很多号称是"甲醛、苯克星"的植物，如绿萝（图 3-8）、吊兰（图 3-9）等，有超强吸附甲醛、苯等有害物质的能力。这些植物确实能通过光合作用吸入一部分有害物质，但是那一小盆植物的能力是极其有限的。要长期大量的绿植物，才能有些效果。但普通家庭不是花房，所以不易做到。因此，植物仅能对甲醛、苯等有害物质吸收较小的量，起到辅助的治理作用。

图 3-8　　　　　　　　　　　　　图 3-9

4. 物理吸附法

用"活性炭（图 3-10）、活性炭包（图 3-11）"物理吸附，孔隙具有吸附势，孔径越小，吸附势越强。它本身体积小，可以随意摆放。不足是吸附甲醛等有害物质之后不能降解，吸附一段时间就饱和了，所以需要经常更换。单买活性炭去除污染物，不能全面有效解决问题。

活性炭治理：是一种广泛使用的除醛产品，主要采用物理吸附的原理治理甲醛由于内部结构的原因，具有强力的吸附能力。优点：使用方便，价格适中。

缺点：活性炭的除醛期只有 20 天左右，超过 20 天，活性炭就会处于饱和状态，不再具备吸附能力，无法有效对甲醛进行吸附。

5. 空气净化器

空气净化器分为主动式和被动式两类。

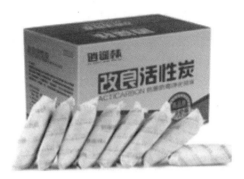

| 图 3-10 | 图 3-11 |

（1）主动式：对空气中释放负离子后，负离子能够主动出击、寻找空气中的污染颗粒物，并与其凝聚成团，主动将其沉降。从这里看来，主动式的空气净化略显优势。

（2）被动式：大多采用风机＋滤网的模式进行空气净化，有一定的局限性，只能在空气净化器放置的周围产生一定的净化效果，很长时间才能将室内空气全部过滤一遍。

空气净化器的所有净化效率计算都是在实验室内完成的，是在排除持续污染源的情况下测量所得，也就是说，这些数据都是在满足特定条件下获得的，因此在实际使用中，净化效率会比厂商们宣称的低一些。从本质上来说，空气净化器只是起到一种补救的作用。总体上，空气净化器的优点是便携，可循环使用，能有效净化 PM2.5，以及烟味、异味等；在吸附甲醛方面也是有一定作用的，尤其是刚开始；缺点是使用一段时间后，效果会变差一些，被动式过滤网易堵塞，需更换耗材，有干扰声音出现，长期使用影响业主的情绪。

6. 光触媒

光触媒喷雾（图 3-12、图 3-13）是一种具有光催化功能的光半导体材料的总

| 图 3-12 | 图 3-13 |

称，简单地说就是有用二氧化钛进行处理。用光触媒涂喷在墙上、地板、木质柜等家具表面，在紫外光线的作用下，可将室内污染物催化分解为水与二氧化碳，从根本上去除甲醛。同时还具备除臭、抗污、净化空气等功能。

如果没有直接光线照射的地方还需借助紫外线灯，才能使它完全发挥功效。甲醛浓度高的地方可以多次喷涂，停留在家具表面的光触媒可以持续清除甲醛。

光触媒在光的照射下，会产生类似光合作用的光催化反应，产生出氧化能力的自由氢氧基和活性氧，具有很强的光氧化还原功能，可氧化分解各种有机化合物和部分无机物，能破坏细菌的细胞膜和固化病毒，可杀灭细菌和分解有机污染物，把有机污染物分解成无污染的水（$H_2O$）、二氧化碳（$CO_2$）和其他无害物质，因而具有的杀菌、除臭、防霉、防污自洁、净化空气功能。并具有长期持续的效果，能达到几年之久，并且本身不具有毒副作用，是目前最流行也是最绿色的甲醛清除方法。

7. 生物酶喷雾

生物酶（图3-14、图3-15）是怎么除污染物的呢？生物酶是由活细胞产生的具有催化作用的有机物。一般都是从植物里面提取的蛋白质，进行雾化处理，喷射在室内的空气中，让它们和空气的有害分子充分接触，破坏有害气体的原子结构。所以生物酶可以清除空气的甲醛、苯。

图 3-14　　　　　　　　　　　　　　图 3-15

我们前面提到了，污染源释放甲醛的周期一般都是在几年之久，生物酶除污染物的原理是清除空气中漂浮污染物，要长期的喷射在空气中才能达到最佳效果。几次性喷涂的话，不能满足去除甲醛的释放较长周期。

8. 环保检测与专业公司治理

（1）环保检测一定要找地方政府质量技术监督局认证的室内空气检测中心机构，并且他们的检测报告上有 CMA 认证。国家行业管理部门，有严格的规定，为保证检测的严肃公正性，空气检测机构不能做收费的空气治理业务。换一句话说，凡是出检测报告又可以承接空气治理的公司，都是盈利的商业检测公司。一旦出现纠纷，国家行政司法机关对待会比较慎重。一般会重新安排空气检测。提请广大业主一定要注意。

（2）当业主感到需要对室内空气进行治理时，可以考虑请环保治理公司进行，很多的治理机构抓住了人们急于清除甲醛的心理，采取封闭等方法，来治理甲醛，一旦封闭失效，甲醛就强烈反弹，同时价格也比较昂贵，按照治理面积收费，收费标准从 30 ~ 60 元 /m² 不等。找专业的治理污染的机构。但一定要咨询了解清楚，看看以往治理的案例。是否真实、有效。污染物治理费，按地域不同，各公司定价也有差异。专业治理通常都是全过程服务，从简单检测（参考值），到除污染物施工，这个施工时间大概 2 ~ 3h，施工完将门窗关闭 1 ~ 2 天后，通风，再测试，最终将甲醛、苯含量控制在标准范围内。治理后污染物含量会不会反弹，反弹了怎么处理？要注意，正规的污染物治理公司，会签订协议，上面会标注质保年限，依据缴费情况。质保期内检测超标都应是免费再治理的。

（3）住宅环境一定要预防装修污染。购买家具、沙发、木床、餐桌、窗帘时依据自身经济条件理性消费，关注环保问题。养成良好的生活习惯，多开窗通风。不图虚荣、勤快打扫、保持环境空气清新，才是最重要的健康生活方式。

## 3.4 社会化治理室内空气污染的实例

根据北京青年报在 2018 年 6 月 29 日报道。用"光触媒治理地铁空气异味和细菌、甲醛等"。说明社会室内治理污染有害气体，已进入成熟阶段。

2018 年 6 月 28 日，北京地铁分公司，6 号线正试点通过使用为整个车厢喷涂光触媒的方式（图 3-16、图 3-17）来缓解车厢异味气体。光触媒可将细菌减少 80% 左右，大幅提升车厢空气质量。地铁 6 号线所有列车全部喷涂光触媒。

图 3-16

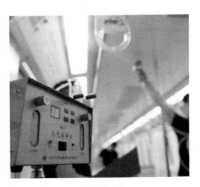

图 3-17

从北京地铁公司了解到，通过光触媒可有效缓解车厢异味等气体、减少车厢细菌。经过多次实验测试和第三方评估，决定在地铁 6 号线列车上试点推广。

北青报记者了解到，光触媒是一种以纳米二氧化钛为代表的具有光催化功能的光半导体材料的总称，其利用光的化学作用，快速分解室内的异味和甲醛甲苯等有害物质。目前，光触媒技术经常被使用在室内装修和新车去甲醛等。

光触媒是无色无味的，根据第三方的评估计算，喷涂光触媒后，车厢的细菌减少了 70% ~ 80%，室内环境得到明显净化。喷涂一次有效期为三个月。

目前，光触媒被广泛应用于密闭空间，如住宅室内空间和轨道交通及汽车内的空气治理。

从以上报道实例看出，各种环境下室内治理空气污染，已逐步被社会接受。

## 3.5 装修污染控制标准

### 3.5.1 技术指标内容

（1）标准指标体系

《民用建筑工程室内环境污染控制规范》GB 50325—2010（图 3-18）。对建筑材料有细致明确的限量控制技术指标。包含混凝土、人造板材、涂料、油漆、胶粘剂、化学助剂等限量参数。在《民用建筑工程室内环境污染控制规范》GB 50325—2010 中，是对所有建筑体装饰和室内装修工程，进行五项指标甲醛、苯、总挥发性有机物（TVOC）、氡和氨验收。关于验收指标在第二节中已进行表述，在此不再赘述。

图 3-18

图 3-19

（2）《住宅建筑室内装修污染控制技术标准》JGJ/T 436—2018（图 3-19）。从 2019 年 1 月 1 日开始实施。它针对用于住宅装修材料和住宅家具部品（不含工装建筑工程），为控制由其产生的室内环境污染，从设计、选材、施工、验收等阶段提出要求。在现行国家标准《民用建筑工程室内环境污染控制规范》GB 50325—2010 基础上，重点完善污染源头控制和污染预防措施，对材料提出新的环保性能评价方法和要求，对装饰装修设计阶段方案预控提出实施要求。

（3）《住宅建筑室内装修污染控制技术标准》JGJ/T 436—2018 所称室内空气污染物系指装饰装修材料、住宅工程交付使用前后配置的家具等造成的污染。为保障人们在住宅建筑使用过程中环境安全、健康，以结果为导向，将家具部品纳入控制范围，并增加新的甲苯、二甲苯限量指标。而对氡和氨在《民用建筑工程室内环境污染控制规范》GB 50325—2010 已有规定的。没有再作新的规定。

（4）《民用建筑工程室内环境污染控制规范》和《住宅建筑室内装修污染控制技术标准》从装修施工责任者角度出发，规定了施工单位在竣工后，进行空气污染物指标限量检测。在对污染的责任治理者的职责要求上，规定施工单位必须承担治理和经济责任。标准对室内空气采样方法、关闭门窗时间、限量参数数值大同小异。《民用建筑工程室内环境污染控制规范》规定工程竣工至少 7 天以后，再对室内空间关闭门窗 1h 后进行检测。

### 3.5.2　正确采用国标《民用建筑工程室内环境污染控制规范》GB 50325—2010 进行安全检测

国标《民用建筑工程室内环境污染控制规范》GB 50325—2010 规定，与装修无关的物品，不得在检测的室内出现，如家具、沙发、衣柜、床具、餐桌等产品。便于污染源的界定。《住宅建筑室内装修污染控制技术标准》JGJ/T 436—2018 没有强制规定活动家具是否可以在现场，当有活动家具等物品，用Ⅲ级浓度进行验收。

近些年来社会出现了很多良莠不齐的空气检测公司，基本上是以盈利为目的。造成了家装环保问题的投诉居高不下。使很多装饰公司、普通业主产生了困扰。

家装污染物甲醛、苯、TVOC 的产生超标的原因。施工前许多公司欠缺完善的准备工作方案。没有对室内结构需装修的部分工作意义，进行全面了解。管理者思想上重视不够。家装公司没有专业环保标准知识，在管理上只是停留在口头上，没有相应的严格的管理学习，是发生投诉的主要原因。不懂得预防与治理、设备治理、化学治理、物理治理方法。

依据《民用建筑工程室内环境污染控制规范》GB 50325—2010 规定，进行检测污染物的浓度限量时，为了避免各种不确定因素的影响和室内环境检测前的基本要求，常规有以下做法和方式：

（1）宜在工程竣工 7 天后，进行室内环境检测。建议工程竣工 15 天后检测。要求室内每 1～2 天上、下午通风、换气。

（2）室内环境检测时，建议室内不应放置、安装甲方自购的建材、家具等。

（3）室内空气检测单位应是具备国家、省市质量计量认证资质的检测机构。

（4）检测方式及方法按《民用建筑工程室内环境污染控制规范》GB 50325—2010 执行。

（5）需检测时，甲乙双方必须同时到场。

（6）出现污染物浓度限量超标时，检测费用由责任方承担。

民用建筑工程室内环境中检测注意事项：

实际检测时，应注意监测点离家具"距离"。距离不同，有可能数值差距大。

什么叫标准中的"正常使用状态"。在"条文说明"中有非常明确的解释。即家具门、柜门，也包含抽屉，均要关闭状态，才可开始检测。

在环保污染物限量数值临近超标时，在柜门和抽屉打开的情况下，数值马上超标 10% 以上。许多企业有很深刻的经验教训。开窗时间、封闭时间检测责任者双方都应处于监控范围。

### 3.5.3　当前装修行业存在问题

（1）装修公司在施工前，没有家装环保计划准备以及预防性措施。

1）没有对室内装修工程可能产生污染源材料，进行全面有力的环保管控。还是关注建材价格。管理者思想上对家装环保重视不够。

2）没有注意室内通风环境的基本要求，装修时有可能产生二次污染。

（2）材料选购控制不严

1）选材是关键，家装大多数材料品质良莠不齐。材料商、装修公司受利益驱使，把控不严。致使伪劣产品流入市场。

2）装修公司和业主对污染可能造成的对人体危害，缺乏必要的认知。尤其，一些中低端装修工程，业主由于经济条件的制约，可能放弃对污染物的控制和警惕。

（3）存在具体问题的表现

1）家装公司没有专业知识，在管理上知识只是停留在口头上，没有相应的严格的管理制度。

2）对材料采购成规模的配送大库，没有定期检测和抽查复验，只是厂家拿什么检测报告，就相信什么报告。

3）家装设计上对室内空间盲目地做大量的木作类项目，没有考虑由此产生的污染物。例如：小空间书房做了整面墙的书柜和封闭的储物空间现场做了格栅式的储物多用柜。

4）小规模的装修单位，为了迎合部分家装"业主"追求低价位的装修意向。

采用工业建筑适用的油漆、涂料、地板等木质产品。结果是拉低了装修工程造价。但是，牺牲了业主使用空间的环保质量。

（4）部分工装室内装修项目

1）赶工程进度，对材料采样检测缺少有效的控制。

2）检测环境不具备条件，检测时会造成部分测量不精确。

3）装修施工中管理的不到位。检测现场有大量的灰尘和漂浮杂质。

4）对检测知识不了解，随意性突出。室内环境检测前，没有按相关规定，开窗通风再封闭。直接进行污染检测试验取样。

5）室内检测空间放大量的与装修单位无关的产品，造成污染物限量超标。如：使用劣质的餐桌、椅子、衣帽柜、沙发、低劣窗帘等，以及业主自身购买的商业空间用的地板等物品。

## 3.5.4　家装健康环保的建议

（1）选择环保材料，供应商需有长年材料采购配送的完善体系。

（2）选择健康、环保、正规厂家的家具、布艺。

（3）以预防为主，装修后期适当多开窗通风换气。一般在两周以上。

（4）无照摊贩出售低劣建材中，有害物质环保限量超标的可能性大。

（5）不盲目、迷信、追求高档进口奢侈品，避免不必要的浪费。

（6）居室内小空间（新建储物间）不要现场木作项目过多，减少甲醛、苯、TVOC 等有害物质的挥发残留。

（7）家装环保检测，最好采用《民用建筑工程室内环境污染控制规范》GB 50325—2010 执行。相关部门对标准掌握尺度熟悉和准确。

（8）装修公司有专人负责环保检测事宜。

（9）检测时有熟悉环保检测流程、掌握检测条件准备的人参与现场取样。

（10）咨询装修污染控制标准知识丰富的工程师，对检测报告结果进行解答。避免解释不清，带来的工作失误和经济损失。

# 4 住宅设计案例与全装修套餐

## 4.1 室内设计收费标准

1. 设计费

（1）宜采用2014年版中国建筑装饰协会编制的《建筑装饰设计收费标准》（图4-1）。它是按建筑装饰工程设计面积收费的标准，内容比较全面。

图 4-1

（2）考虑到近年物价经济水平及建筑装修用人成本等因素，以《建筑装饰设计收费标准》为基础。各个城市设计单位、装饰公司可以结合当年实际市场情况，作设计收费调整修订。

2. 室内装修设计收费标准

由于全国各地城市经济发展不同，消费水平不同。我们列出城市市场一般性设计收费参考价。按行业城市划分北上广深特大核心城市、省会城市、二线城市和三、四线城市,共计四类。每两类城市之间设计费差别幅度在 30% 以上(表 4-1、表 4-2)。

**住宅装饰装修全案设计费**　　表 4-1

| 项目 | 设计师 | 主案设计 | 主任设计 | 高级(首席)设计 |
|------|--------|----------|----------|------------------|
| 单层住宅 | 60 元 /m² 起 | 100 元 /m² 起 | 120 元 /m² 起 | 150 元 /m² 起 |
| 复式住宅 | 80 元 /m² 起 | 120 元 /m² 起 | 150 元 /m² 起 | 200 元 /m² 起 |
| 别墅、联排 | — | — | 180 元 /m² 起 | 230 元 /m² 起 |
| 房产样板房 | — | — | 260 元 /m² 起 | 380 元 /m² 起 |

**住宅全案效果图及预算书设计费**　　表 4-2

| 项目 | 单层 | 复式 | 联排、别墅 | 房产样板房 |
|------|------|------|------------|------------|
| 效果图每张收费 | 800 元 | 1200 元起 | 1800 元起 | 2000 元起 |
| 预算书(全装修工程)每套收费 | 800 元 | 1200 元起 | 3800 元起 | 5000 元起 |

## 4.2 住宅设计案例

1. 住宅装修个性化案例

项目来源:北京佳时特装饰公司装修项目。

项目地址:北京市通州亮丽园小区。

设计风格:后现代风格。

建筑面积:120m²(老房装修)普通平层。

施工工期:施工时间自 2019 年 2 月 13 日 ~ 5 月 18 日,合计 95 天。

设计取费:人民币 1.2 万元。

装修造价:12 万元。

主材造价:25 万元。

设计说明:业主为一对年轻夫妇,从事 IT 行业,典型的知识分子,思想活跃,品位高雅,对传统文化有很深厚的理解。本案在设计手法上,突出了文化人温文尔雅、平和理性的特点,用浅橘色的整体色调,表达业主的温馨典雅。在设计风格定位上,吸取了现代风格中的一些经典元素,既不过分张扬,又恰到好处地把雍容华贵之气渗透到每个角落(图 4-2、图 4-3)。

精心布置客厅,与电视背景相对的一面墙特意设计了展示柜,展示柜采用乳白色,使浅橘色为主的客厅显得活泼生动,更通过突出饰品自身的魅力展示主人的富足和品位;地面及部分墙面运用了天然大理石做饰面,显示尊贵,贴金箔的镂空以及精致的沙发(图 4-4),更增强了家居文化的设计效果。

图4-2　北京佳时特公司提供

图4-3　北京佳时特公司提供

　　客厅和餐厅采用了米黄色的哑光砖铺贴，它既没有抛光砖的刺眼反射，又在防滑功能上起到很好的保护作用。餐厅作为一个单独的空间，"回"字形的简洁拼花，与整个主题相呼应，让每个空间都能感受到设计的元素无处不在。

　　主卧（图4-5）没有多余的色彩、布置和家具，没有喧嚣与繁冗，一派宁静悠远；以简化整合，改变后的主卧空间呈上升之势，置身其中给人积极向上之感，表现业主对快乐人生的追求；设计采用传统的玲珑雕花隔断把主卧与书房两个空间加以适当区分，形成一个隔而不断、分而不离的互动空间，惬意的、时尚的、成功人士的品质生活体验尽在其中。

图4-4　北京佳时特公司提供

图4-5　北京佳时特公司提供

　　卫生间（图4-6）在卫浴产品的选择上应该注重各个产品之间的排列和实用性。地砖颜色的选择：主色调是白、灰和一些清爽的冷色调。第一，冷色调容易让人感觉立体；第二，现代简约风格追求的是一种轻快、不拖泥带水、不拘束的理念。这些都是只有冷色调才能带来的效果。

图 4-6　北京佳时特公司提供

2. 家装套餐案例

项目来源：北京佳时特装饰设计有限公司装修项目。

项目地址：北京市朝阳区东州家园。

设计风格：简约风格。

建筑面积：91m²（首次装修）。

住宅户型：普通平层。

施工工期：施工时间自 2018 年 3 月 13 日～6 月 18 日，合计 98 天。

设计取费：人民币 8000 元。

装修造价：6.5 万元。

主材造价：22.6 万元。

设计说明：业主是创业的年轻人，偏好沉稳、简单的格调。所以，当简约逐渐成为年轻人首选的家装风格时，如何作出差异化让简约不只是个简单的符号，而是空间和材质巧妙搭配设计后，满足客户的家居喜好，成为需要思考的问题。

图 4-7

图 4-8　北京佳时特公司提供

本案是一个东向的小平层户型（图4-7、图4-8），客卧原结构采光不足。在后期结构改造上，把客卧室门的位置作了变更改造。主卧室门洞稍微移动之后，给主卧室增加了储物衣柜，卫生间门洞微移设计。

主卧室床头背景壁纸如图4-9、图4-10所示。无主灯设计拉伸了上下空间，加上灯饰的暖光源以及纱帘多种材质的交融使整个空间显得更为和谐。软装搭配床头壁灯，选用金属材质增加背景墙的现代感。

图4-9                图4-10  北京佳时特公司提供

衣帽间布置如图4-11所示，透明衣柜打破了整个空间的沉闷，丰富了空间的视觉效果。衣柜上方吊顶做射灯，无主灯，局部光源增加了空间的神秘色彩。

图4-11  北京佳时特公司提供

卫生间布置如图4-12所示，淋浴房与浴室柜之间新建隔墙，充分分割区域，淋浴房内新建墙可提供壁龛，来体现空间的功能需求。

厨房布置如图4-13所示，储物柜斜角设计与冰箱完美连接，橱柜延伸提供休闲区，地砖斜铺烘托整个空间氛围，使空间更具实用性、美观性。

图 4-12 　　　　　　　　　　图 4-13　北京佳时特公司提供

3. 家装小别墅案例

项目来源：北京佳时特装饰设计有限公司装修项目。

项目地址：北京市通州七星公馆。

设计风格：轻奢风格。

建筑面积：330m²（新房装修）。

住宅户型：别墅。

施工工期：施工时间自 2017 年 6 月 6 日 ~ 10 月 6 日，合计 123 天。

设计取费：3.3 万元。

装修造价：36 万元，主材甲供。

设计说明：业主是实体企业的老板，偏好沉稳、细腻格调，喜欢欧式轻奢风格"温和的奢侈"。事实上，它不仅代表了一种美好的生活方式，而且代表了人们正在享受的高质量生活细节。

本案户型（图 4-14、图 4-15）很方正，采光好。玄关象征一个家的门面，在设计中运用石材加护墙板的材质，地面运用欧式拼花来凸显出主人对生活的细腻态度。进入客厅及餐厅中间，走廊区域形成两个空间。主卧和儿童房之间是手绘油画玄关，业主喜欢艺术气息很浓烈的油画，绘画时业主也参与其中。

电视墙（图 4-16）运用壁布加护墙板材质设计，呈现出沉稳而又不失华丽的格调，更加彰显出业主是低调而又有内涵人士。顶面采用灯池加灯带设计均为中性光，加上灯饰的暖光源以及纱帘多种材质的交融使整个空间显得更为和谐。

沙发背景墙（图 4-17）设计整体同样运用壁布加护墙板材质设计，与电视墙相呼应，在整体中寻找不同的变化，背景装饰运用金属材质和灯具作为同色系，主沙发色系为米色系，配套颜色运用橄榄绿作为搭配，加抱枕搭配橙色使整个空间更加活跃。

图 4-14

图 4-15　北京佳时特公司提供

图 4-16　北京佳时特公司提供

图 4-17　北京佳时特公司提供

　　餐厅（图 4-18）设计亮点 1:空间布置,运用硬包加护墙板材质同电视墙呼应,设计风格更加整体,主灯设计为金铜色与地面波打线相辅相成,在整体风格中又有自己的差异化,为整个餐厅增添活跃感。

　　餐厅设计亮点 2:酒柜空间布置（图 4-19）,整体柜为米白色系,上部分柜体采用玻璃花艺装饰,把手为金属材质,在简约中又有细节,为了协调整体餐厅又把灯具设计为水晶款。

　　4.家装套餐案例

　　项目来源:北京克洛尼装饰公司装修项目。

　　项目地址:北京市朝阳区润泽公馆。

　　设计风格:新中式。

　　建筑面积:130m$^2$（二次装修）。

　　住宅户型:普通平层。

图 4-18　北京佳时特公司提供

图 4-19　北京佳时特公司提供

施工工期：施工时间自 2017 年 6 月 21 日～12 月 18 日，合计 181 天。

设计取费：人民币 1.5 万元。

装修造价：18.3 万元。

主材造价：26.3 万元。

设计说明：北京润泽公馆装修平面图如图 4-20 所示，业主除去对装修风格的要求外，还希望能够合理增加家中的储物功能。设计方案为现代简约风格，合理布局，完美满足了业主装修需求，同时打造出简约而不失细节的都市空间。

客厅（图 4-21）空间略去富丽堂皇的装饰和浓烈的色彩，呈现的则是一片清新、典雅和大气，即使是作为家中的礼仪空间也仍保有一份轻松感。

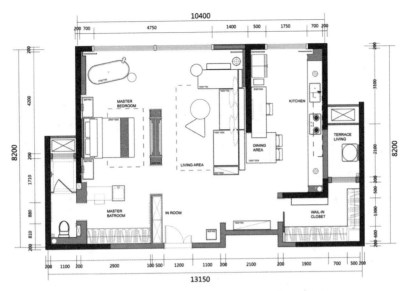

图 4-20  北京克洛尼公司提供

图 4-21  北京克洛尼公司提供

休闲区（图 4-22）明亮素实的窗帘和极具现代感的地毯、吊灯相呼应，造型简洁大方的沙发构成了一个年轻化、充满现代感的住宅，送给住户心灵清爽的洗涤。

客厅（图 4-23）暖灰色墙纸、明亮的吊顶在高级灰色柜子的映衬下营造的是干净整洁的氛围。吊灯和吊顶灯带反射出来的光源营造就餐的温馨效果。

客卧（图 4-24）空间内饰品和床品的色调高度统一，素雅不失设计感，简单实用的家具、素雅的床品增加了卧室的温馨感。

图 4-22  北京克洛尼公司提供

图 4-23  北京克洛尼公司提供

图 4-24  北京克洛尼公司提供

5. 住宅装修个性化案例

项目来源：深圳圳星装饰设计公司装修项目。

设计风格：简约现代风静谧时光。

建筑面积：118m²，普通平层。

施工工期：施工时间自 2018 年 9 月 5 日～12 月 10 日，合计 98 天。

设计取费：人民币 8000 元。

装修造价：8.5 万元。

主材造价：19 万元。

设计说明：本案为四房一厨两卫的格局（图 4-25）。设计思想是对于空间的情感表达是，以对现代意境文化的空间体验为基础，用现代的视野和设计手绘诠释对空间的塑造。简约的直线和温馨柔和的视觉感受是设计者要表达的，满足了居住者对空间的诉求。室内空间既蕴含现代韵味，又焕发着生活的活力。生活在节奏较快的都市中，整天在忙碌中度过，时间长了会使人感觉非常的疲惫。更需要浅色调，营造一种温馨、安静的生活氛围。

没有繁琐累赘的线条，鲜有璀璨奢华的元素，却通过不同色块之间的相互碰

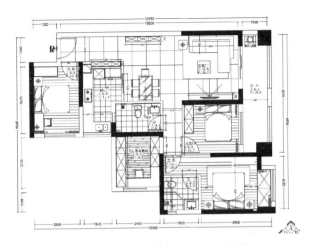

图4-25 深圳圳星装饰公司提供

撞，干净利落地讲述了一个关于家的故事，给家以精致、温暖的生活气息。除了满足正常的生活功能外，展现一个家的美貌必不可少。白净的基底下，柔和的色彩，利落的线条，有温度的原木色，都让这里轻松而美好。

客厅（图4-26）大处见刚，细处见柔。极简风格的家具，简洁的线条感与轻盈的空间设计突出现代风格的独特美感，给人简洁、舒适的居家享受。电视背景墙延续橱柜后面的白色大理石，可以和餐区有很好的联系，更好地统一空间。大理石选择很有质感的雅士白，和现代家具形成反差。设计更加注重舒适性，柔软的灰色沙发和一些精致小巧的装饰品，让人感受到轻松惬意的氛围。

图4-26 深圳圳星装饰公司提供

图4-27 深圳圳星装饰公司提供

餐厅（图4-27）的设计与客厅呼应，依然运用大理石餐桌和灰色餐椅的深浅搭配，动感的吊灯为室内注入活力。空间虽小，但能锁住食物的香味。

厨房（图4-28）整个空间很亮丽明快，给人很干净的感觉，空间相互渗透，让家与自己零距离。墙砖如水墨山水画般的自然纹理，触摸时有温润亲人的手感，铺贴出来竟像是一幅淡雅的自然画作。

卫生间（图4-29）最大的特点就是炫酷、大气。垂直的镜面，给了空间朋克炫酷的一面，使得简洁风为主打的卫生间多了另一种灵魂。

图 4-28　　　　　　　　　　　　图 4-29　深圳圳星装饰公司提供

卧房（图4-30）选用木作床架，并于床头柜上加入照明灯光，营造出飘浮感，卧室背景墙也没有浮夸的装饰，在两面木饰面的修饰下尽情呈现出原始的色泽与质感，只为营造轻松无压感的氛围，还原睡眠状态。

图 4-30　深圳圳星装饰公司提供

6. 别墅装饰工程案例

项目来源：北京紫钰装饰设计公司装修项目。

项目地址：北京市顺义区誉景小区。

设计风格：欧式＋中式混搭风格。

建筑面积：563m²（二次装修）。

住宅户型：独栋别墅。

施工工期：合同工期 145 天。

设计取费：3.5 万元。

装修造价：41 万元。

主材预算：51.9 万元。

设计说明：现代都市物质生活的快节奏，萌发出一种向往传统、怀念古老珍品具有艺术价值的传统风格情结。欧式风格的谱写，不只是豪华大气，更多的是惬意和浪漫，抒写平实而自然、轻松的居室环境空间。

门厅处（图 4-31）的精致垭口，清新不落俗套，很好地区分了门厅与会客厅的空间感及区域感。墙面整体运用硅藻泥材质，使得整体空间氛围显得格外舒适柔和。花艺的添置使整个空间有了柔美的气息，给予美好的视觉感受。

楼梯（图 4-32）的错落交汇，使得整体空间富有众多层次感，在白与昼间来回穿行。中央顶面的水晶吊灯，串串水晶缨子垂下来，光线迷乱而璀璨。

图 4-31　北京紫钰装饰公司提供　　　图 4-32　北京紫钰装饰公司提供

会客厅（图 4-33），尽显浪漫与庄严的气质。挑高的空间感把"大气"这个词发挥得淋漓尽致。气派的通顶实木柜体，有着柔和的自然光泽和精致的花纹年轮，尽显雍容华贵。

楼上会餐区（图 4-34）采用混搭风。中与西结合得如此和谐，顶面造型富有层次感。中式的基础韵味与西式的造型细节取长补短，不但富有审美的愉悦，更显生动，具有趣味性的体验感。

卧室（图 4-35）的顶面层层递进，温暖的灯光营造温馨惬意的氛围。搭配古典美感的窗帘、造型古朴的吊灯、典雅别致的壁灯，静静泛着影影绰绰的灯光，细节的精致感油然而生。

图 4-33　北京紫钰装饰公司提供　　　　　图 4-34　北京紫钰装饰公司提供

影音室（图 4-36）的墙壁，高档自然的木质作为装饰面层，减少繁而杂的造型修饰。红色的皮质沙发，墙壁现代感的运用，再结合欧式壁画，将视觉审美与功能需求完美地相互呼应。

图 4-35　　　　　　　　　　　　　图 4-36　北京紫钰装饰公司提供

7. 家装套餐案例

项目来源：北京紫钰装饰设计有限公司装修项目。

项目地址：北京市海淀区冠城北园小区。

设计风格：现代简约。

建筑面积：150m²（二次装修）。

住宅户型：普通平层。

施工工期：施工时间自 2018 年 3 月 13 日 ~ 6 月 18 日，合计 98 天。

设计取费：7800 元。

装修造价：13.5 万元。

主材造价：24.3 万元。

设计说明：业主是一位中年人，偏好沉稳、硬朗格调。当简约逐渐成为现在中年人首选的家装风格时，如何作出差异化让简约不是个简单的符号，而是空间和材质巧妙搭配设计后，满足了客户的家居喜好。

本案是一个南向的大平层户型（图 4-37），客厅采光不是很理想，客卧原结构采光不足。在结构改造上，把客卧室门的位置作了变更改造，充分利用阳台的大落地窗。主卧室门洞稍微移动之后，给主卧室增加了储物衣柜，卫生间门洞微移设计。同时，业主有一副珍藏名画，为了满足业主真实需求，运用了相对应的规则造型去呈现整体性，灯光的烘托体现艺术性，达到浑然天成的效果。

主卧室（图 4-38）中床头两侧采用饰面板，中间是硬包配置。无主灯设计拉伸了上下空间，加上灯饰的暖光源以及纱帘多种材质的交融使整个空间显得更为和谐。软装搭配床头壁灯，选用金属材质增加背景墙的现代感。

图 4-37 北京紫钰装饰公司提供　　图 4-38 北京紫钰装饰公司提供

卫生间布置如图 4-39 所示，白格子长条砖打破了整个空间的沉闷，丰富了空间的视觉效果。浴室柜吊顶做暗藏灯带，无主灯，局部光源增加了空间的神秘色彩。

图 4-39 北京紫钰装饰公司提供

8. 家装工程案例

项目来源: 贵州快乐佳园装饰有限公司装修项目。

项目地址: 贵阳市华润国际小区。

装饰风格: 现代风格。

建筑面积: 102m²。

住宅户型: 普通平层。

施工工期: 2018 年 1 月 8 日 ~ 2018 年 5 月 18 日, 合计施工时间 130 天。

设计取费: 6800 元。

装修造价: 13.5 万元, 主材甲供。

设计说明: 业主是从事房产工作的年轻业主, 喜欢和他性格一样的爽朗的黑白灰色调, 在繁忙的生活中也能享受自己的生活, 在整体的设计色调上除了黑白灰, 设计上还加入柔和的胡桃木, 体现了一抹暖暖的阳光。

从阳台望向整个客厅 (图 4-40), 整个空间的设计以简约之风为主, 深木色和白色为色彩主基调, 既不深沉, 也不浅显, 内容含蓄, 简洁舒适。低调的浅色系缓和深木色的厚重, 增加视觉明亮感。一扇玻璃门简单区分了客厅和餐厅, 把功能清楚划分, 空间感十足。

图 4-40　贵阳快乐佳园公司提供

休闲区 (图 4-41、图 4-42) 明黄的灯光与沙发上黄色波浪条纹毯子交相辉映, 营造一种温馨的生活氛围。深木吊顶与黑耀桌子搭配, 色调一致, 空间和谐。透过玻璃门倒映的几何灯饰, 照亮空间, 对称且好看。

客厅深色窗帘与电视背景墙吊顶色调一致, 点亮设计感十足的吊灯 (图 4-43), 稍显暗沉的空间立马明亮起来。白色的飘纱窗帘清新飘逸, 气质淡雅, 打造现代人渴望的简约舒适、朴素宁静的生活方式。

没有任何装饰的背景墙, 简约大气, 一台电视填补多余空间, 留白恰到好处,

图 4-41　贵阳快乐佳园公司提供

图 4-42　贵阳快乐佳园公司提供

木色系地板搭配，浑然一体。桌上摆放一盆绿植，让整个空间多了一份活泼和生机，多一些春天的颜色和气息。

卧室（图 4-44）几何菱形的两盏床头灯，对称明亮，装饰空间，增加了时尚感。爱马仕橙的床头和抱枕，给卧室增添了许多生机，扫开沉闷之风，迎接阳光温暖，从而体现出主人对生活品质的追求与态度。

图 4-43

图 4-44　贵阳快乐佳园公司提供

9.别墅装饰工程案例

项目来源：昆明云傲装饰工程有限公司装修项目。

项目地址：云南·曲靖·钻石墅。

装修风格：新中式。

建筑面积：455m²（毛坯房）。

住宅户型：独栋别墅。

施工工期：合计 160 天。

设计取费：13.5 万元。

装修造价：基础工程 98 万元、主材 160 万元、软装 106 万元。

设计说明：本案是一套联排别墅，业主是一位成功人士，长期在事业上打拼，希望在家能得到最大的放松，真正打造一个爱的港湾。设计师为业主打造了一个恬静、沉稳、放松的居家环境，在老人要求的生活细节上考虑得细致周到；在孩子喜爱的空间里，色彩明亮有趣；在主人的空间里心灵能得到最大的放松，业主的爱好能得到充分的实现，整个空间尺度合适，有开有合有连接。人是空间里的主体，舒适松弛的生活气息在这个空间里孕育滋长。

选材上满足空间的调性和统一性，质感温和，接近人的生活性情。氛围营造顺其自然，摒弃过多的形式感与陈列感，亲近人的生活习惯。设计师实现业主对家的期盼，将大厅空间（图 4-45）去芜存菁，筑起居心之地，让家庭的每一个成员都能把心灵安置。家不再是静止的，而是被居住者赋予了生活最感性的意义。

居家爱恋是一种什么样的情愫？在家里情绪能够获得安抚，久坐也不会烦躁，舒适得让人不想离开，产生对居家的依恋，完全放松于这稳重、静谧的空间里。

色彩，是美学的极致表现。设计师在客厅空间中（图 4-46）大面积选择了木质色，作为大自然色彩，它有着自然的亲和力，既不会太显沉闷，又有着高雅的格调。女业主希望家里有些许红色，可以活跃空间寓意美好。所以，在整个客厅空间中我们搭配红色，并点缀少许金属元素，不同色彩的搭配与深浅的变化，慢慢地渗透出温暖优雅的时尚气息以及空间的层次感。营造出家庭成员相互交流和建立情感联系的空间氛围。

图 4-45　昆明云傲装饰公司提供

图 4-46　昆明云傲装饰公司提供

业主热爱中国文化，追求东方静逸之美又不失浪漫。所以无论是装饰还是家具的搭配都带有丝丝禅味与安宁，让空间更添自然之意。餐厅天花（图 4-47）设计采用了局部木饰面，简洁大气而稳重；餐厅和客厅之间设计了木制屏风隔断，既让空间之间有分有合，又增添了无数中式韵味；木质温润的触感、淡雅的配色及艺术品的点缀为餐厅进行了全新的定位。

图 4-47　昆明云傲装饰公司提供　　　图 4-48　昆明云傲装饰公司提供

　　主卧室(图 4-48)延续知性优雅的格调,其中加入香槟色和孔雀蓝等色彩氛围。让业主在家里能够拥有属于自己的、独立的、舒适的、长时间休息的地方。享受居住的欢愉，让身心得到最大的放松。原木色家具的选择，在朴素中透出一种优雅。浅色墙纸、暖色地面、软饰相结合，使空间更加静谧，一室香氛满溢，只想闭目放松融于此空间。

　　喜爱深夜阅读的男主人希望有一处私密阅读区，在书房（图 4-49、图 4-50）中为男主人打造的是一个静谧的阅读空间，不管白天或是黑夜，光线与形成包围感的书柜以及为阅读者精心挑选的阅读躺椅，都为男主人找到了一处自由放松之地。艺术品，是家居品味的有效表达。在针对业主本身气质品味的前提下，设计师选用大量艺术挂画来增添空间知性从容的调性，一眼可读业主的文化素养和内涵气质。

图 4-49　昆明云傲装饰公司提供　　　图 4-50　昆明云傲装修公司提供

业主 9 岁的女儿，从小有一个粉色的公主梦，所以在儿童房（图 4-51）的设计中，选用粉与绿，将童话故事的元素融入房间。温暖梦幻的空间启发小女生的想象力，也为孩子圆了粉色梦。精致的软装和硬装的完美结合，处处体现着细节之美。抬头见绿荫，微风摇荡，蓝天白云绿水静静围绕，空气浸润着草木的清芬之气扑面而来，室内室外的界限早已消弭不见踪迹。在这舒心与安恬的空间里，予人直抵内心的情感抚慰和纯粹的宁静诗意。

图 4-51　昆明云傲装饰公司提供

10. 家装套餐案例

项目来源：广州市两手硬装饰工程有限公司装修项目。

项目地址：广州市天河区蓝天雅苑。

设计风格：北欧风格。

建筑面积：120m²（毛坯新房）。

住宅户型：普通平层。

施工工期：施工时间自 2018 年 11 月 11 日 ~ 2019 年 1 月 18 日，合计 67 天。

装修造价：7.7 万元，主材甲供。

设计说明：业主是人民教师，精致得体。职业习惯使然，都有实用标准要求。业主的理想家精致温暖、窗明几净，设计师在充分了解业主的性格特点和居住需求之后，设计了北欧风格的家，并为其注入现代理念，使之更加鲜活生动，更符合现代人的审美，颇得业主欢心。

客厅（图 4-52、图 4-53）通铺木地板，摸上去能感受到木纹的肌理感，家具色调与地板呼应。棕色皮质沙发，赋予客厅满满的质感，阳光透过大大的落地窗洒进客厅，温暖和煦。沙发背景墙以风格统一的挂画简单装饰，简约又不失品味。客厅设计北欧风格电视柜，体积小，造型简约，是小户型之友。满足收纳的同时，其简约独特的外观也能为客厅增色不少。细节装饰别出心裁，精致细腻，主人的不俗品位由此可见一斑。

图 4-52

图 4-53　广州两手硬装饰公司提供

　　本案原始户型有一个封闭小厨房，影响了整体空间的通透和厨房的采光。在户型改造上，设计将生活阳台隔出封闭小厨房和玄关，拆掉厨房原有的两面墙，一侧加装吧台，与封闭小厨房一起，组成半开放式大厨房（图 4-54）。既解决了开放式厨房不通燃气的问题，又解决了空间通透和采光的问题，一举多得。

图 4-54　广州两手硬装饰公司提供

　　原始户型存在卧室门与门相冲的情况，在户型改造上，设计师巧妙地设计出拐角，转移了其中一间卧室门的方位。

　　卧室背景墙（图 4-55、图 4-56）采用安静的蓝色和温柔的粉色，营造出平静、舒适、放松的睡眠氛围。背景墙以金属框挂画装饰点缀，精致脱俗，别样优雅。

　　原始户型为开放式阳台，弱化了阳台的生活功能。设计改造为封闭式阳台（图 4-57），一侧设计成洗衣房，置物架上墙，另一侧加装多层置物架，点缀以绿植，阳台变成了更好的休闲场所，又能够很好地遮风挡雨，实用性大增。

　　卫生间（图 4-58）墙面白色小方砖和地面花砖的组合，清新活泼，搭配酷黑五金配件，质感满满。

图 4-55 　　　　　　　　　　图 4-56 　广州两手硬装饰公司提供

图 4-57 　　　　　　　　　　图 4-58 　广州两手硬公司装饰提供

11. 家装个性化装修案例

项目来源：广州轩怡装饰设计工程有限公司装修项目。

项目地址：广州市番禺区锦绣香江山水华府。

设计风格：美式古典风格。

建筑面积：180m$^2$（二次装修）。

住宅户型：普通平层。

施工工期：施工时间自 2018 年 5 月 20 日～9 月 15 日，合计 119 天。

设计取费：9200 元。

装修造价：24 万元。主材甲供，其中柜体定制造价 9 万元。

设计说明：业主是对年轻夫妇，特别爱看美式电影以及喜欢美式居家氛围，偏好沉稳、复古的格调。设计师贴合业主的生活习惯，量身定制开放式厨房、吧台、多功能套间，改善户型结构并提供充足的储物空间。通过不同造型瓷砖和线条的装饰，打造时尚有腔调的美式复古风格装修，满足了业主的家居喜好。

入户左手边（图 4-59）设计了 3.5m 的入户玄关鞋柜，可以容纳 200 双鞋子，白色系柜体使得整个空间干净明亮又实现了强大的收纳功能。鞋柜背靠主卧室的衣帽间，两个亮点简直满足女人梦寐以求的梦想。

图 4-59　广州轩怡装饰公司提供

图 4-60　广州轩怡装饰公司提供

原来封闭式的小厨房，被拓展为开放式厨房（图 4-60），不仅在布局上展现大气，中岛台的设计更为生活增添浪漫情调。吊灯、装饰画框以及屏风等铜色系元素，轻盈高雅，创造一个温馨调和的宜居环境。

厨房和餐厅之间（图 4-61）通过吊顶和地面铺砖的衔接进行空间的划分，在金属吊灯和屏风的映衬下，美式家具的优雅又展现出一股刚毅的魅力。业主是北方人害怕寒冷，所以全屋铺设了地暖，餐厅也安装了电子壁炉，即便在湿冷的冬季，在家依旧温暖如春。

图 4-61　广州轩怡装饰公司提供

图 4-62　广州轩怡装饰公司提供

简美风格的硬装，搭配棕色系皮艺沙发，铆钉元素和抱枕的跳跃色，让客厅（图 4-62）呈现一派时尚轻奢范。电视柜分列左右作为展示与收纳，对称式布局增强画面艺术感，蕴含着平衡、稳定之美。

　　客餐厅之间（图4-63）的阳台隔断打通后，视野更为开阔。超大落地窗悬挂智能窗帘，轻轻一按缓缓拉开，明媚的阳光洒进屋来。以品质成就美好生活。

　　儿童房（图4-64）设计了上下床和整体衣柜，为未来二孩的到来提前做好了准备，既有上下床的童趣，又不会太过于幼稚。在椅子、地毯上开放性地打造孩子奇思妙想的创造基地，在简约中满足阅读、娱乐、储物需求。

图 4-63　广州轩怡装饰公司提供　　　　图 4-64　广州轩怡装饰公司提供

　　主卧（图4-65）设计为业主开辟了集书房、衣帽间、卫浴等多功能的套间。柔和的深木色调，结合沉稳的灰调子，于温润之中汇聚着低调却又高级的别样质感，温馨而安宁，犹如繁星世里的静心之地。

　　在主卧书房（图4-66）的一隅角落，偌大的飘窗视野开阔采光充足，棉麻材质的窗帘和抱枕，将温情与雅致融于空间里，柔和而内敛，惬意而舒适。

图 4-65　广州轩怡装饰公司提供图　　　图 4-66　广州轩怡装饰公司提供

卫生间（图4-67）大理石墙砖，以其水墨式的纹理，轻奢有度，气韵十足，不经意间提高了卫浴的档次和格调。铜色系的腰线和浴具，丰富了空间的趣味性和视觉效果，彰显了一种美好、精致的生活态度。

卫生间把盥洗、方便和淋浴功能分区（图4-68），考虑了干湿区的细微之处，使卫生间干净而整洁，在很大程度上方便了生活，提高了生活质量。这也考究卫浴的防水工程和贴砖工艺，越细节越见品质。

图4-67 　　　　　　　　　图4-68　广州轩怡装饰公司提供

12. 家装个性化装修案例

项目来源：广州轩怡装饰设计工程有限公司装修项目。

项目地址：广州市汇源大街。

装修风格：北欧小清新。

空间格局：2室2厅1卫。

建筑面积：65m²。

装修类型：半包基础装修。

工程造价：5.6万元，主材甲供。

设计说明：适合文化青年人，小家庭生活居住。

用拱形隔断分割餐厅和榻榻米书房区域，绿植的清新扑面而来，错落有致的吊灯更焕光彩。餐椅做成长条柜体，用餐和收纳两不误，有效提升空间利用率（图4-69、图4-70）。

客厅整体（图4-71、图4-72）颜色以蓝色为主，配黄色作为亮色衬托。蓝色背景墙极显清新，暖色调提亮空间，配上小清新挂画和金属色壁灯，整体客厅色调清新。灰色窗帘配上纱帘，光线入室更柔和，空间满满北欧风，经久耐看。

图 4-69

图 4-70　广州轩怡装饰公司提供

图 4-71

图 4-72　广州轩怡装饰公司提供

13. 家装个性化案例

项目来源：浙江优泽装饰设计工程有限公司装修项目。

项目地址：杭州市西湖区。

建筑面积：125m²。

住宅户型：顶跃。

施工工期：施工时间自 2018 年 7 月 31 日～12 月 6 日，合计 129 天。

设计取费：1.2 万元。

装修造价：11 万元。

主材造价：12.9 万元。

设计说明：本案是一个顶楼带阁楼的户型，原客厅采光不是很理想，只有一个小窗户，且面积比较有限，餐厅的位置也比较拥挤。在后期结构改造上，把朝南带阳台的主卧改成了客厅，将阳台取消面积给到客厅，没有了移门的阻挡大落地窗让客厅的采光变得很好，且窗外就是湿地公园，远处为山，视线与景色俱佳。

原客厅改成了餐厅加玄关，如此一来便不再是一开门尽收眼底，提升居住的私密性，同时也形成了入户一景。

主卧室则是被改造设计到了二楼朝南的挑高空间，并在斜屋顶高处做了书房，低处则做了小衣帽间。原餐厅的位置则被改成了楼梯。除此之外二楼的露台可烹茶赏月论诗。各类功能的完善，让居住更舒适。

簪花抚琴，细雨微摇。不负春光，岁月静好（图 4-73 ~ 图 4-76）。

图 4-73

图 4-74　浙江优泽装饰公司提供

图 4-75

图 4-76　浙江优泽公司装饰提供

14. 住宅别墅案例

项目来源：东易日盛装饰集团公司武汉分公司装修项目。

项目地址：武汉万科红郡别墅。

设计风格：新中式风格。

建筑面积：402m$^2$。

施工工期：2016年11月10日～2017年7月10日，合计240个工作日。

设计取费：2.6万元。

装修造价：39万元。

设计说明：业主喜欢高雅、造型简朴优美、色彩浓重而成熟的格调。设计贴合业主的生活习惯，为业主打造属于他自己独有的风格。

客厅（图4-77）作为整个空间故事的主旋律，无疑是设计的一大看点。空间布局开阔流畅，家具配饰的选择交相呼应，整个空间散发着细腻的典雅气质。

图4-77　东易日盛装饰武汉分公司提供

餐厅（图4-78）的设计将古典元素用现代的眼光编织进生活中，让流行与经典同列一室，中式餐椅的搭配，融入古典的中国元素来构成新概念和新视觉。

图4-78　东易日盛装饰武汉分公司提供

宽敞舒适的卧室（图4-79、图4-80）设计将卧室的空间感展示出来，整体的配色使整个卧室优雅大气，打造恬静沉稳的睡眠氛围，这就是卧室设计的重点所在。

图 4-79　　　　　　　　　　图 4-80　东易日盛装饰武汉分公司提供

　　厨房（图 4-81、图 4-82）的装饰材料色彩素雅，表面光洁，简约的风格让整个厨房环境变得轻松纯粹，不像传统中式那样让人沉闷，沉稳大方，不失品味。

图 4-81　　　　　　　　　　图 4-82　东易日盛装饰武汉分公司提供

　　厅房家具（图 4-83、图 4-84）的款式强调简洁大方，简单的直线条背后有种行云流水般的流畅感觉，不以形式为主导，自然地将东方味道呈现，装饰的点缀将中式风格的特点体现得淋漓尽致，现代与传统的碰撞使整个设计焕然一新。

图 4-83　餐厅局部家具　　　　图 4-84　过道局部（东易日盛装饰武汉<br>　　　　　　　　　　　　　　　　　　　　分公司提供）

15. 住宅别墅案例

项目来源：东易日盛装饰集团公司武汉分公司装修项目。

项目地址：武汉绿地金融城。

设计风格：爱马仕风格。

建筑面积：212m²。

施工工期：自 2016 年 4 月 29 日 ~ 2016 年 8 月 29 日，合计 120 个工作日。

设计取费：2.5 万元。

装修造价：17 万元。

设计说明：随处可见的奢华和典雅，又透露着简约典雅的气质，不追逐潮流的时髦，融入生活中的态度。设计追求卓越优雅的理念，从整体到细节，不仅是一个舒适的居住空间，更是一件独特的私属藏品、一种尊贵的身份象征。

步入客餐厅（图 4-85），爱马仕橙色的背景墙映入眼帘，巨幅爱马仕主题装饰画悬挂中间，彰显视觉冲击力的同时，表达了一种优雅尊贵的空间美学，墙面由香槟金网格线整齐划分，于细节处体现追求精致的艺术品味。

图 4-85

图 4-86　东易日盛装饰武汉分公司提供

客厅（图 4-86、图 4-87）的设计一方面保留原有的古典气质，同时兼容现代时尚的美学观点和品味，茶几、灯具、沙发、配饰的搭配，作为配色丰富且平

图 4-87

图 4-88　东易日盛装饰武汉分公司提供

衡了整个空间的视觉效果。

　　餐厅（图4-88）在整体的色调和材质的选择上，与客厅相呼应，背面橙色的背景墙映入眼帘，彰显视觉冲击。

　　卧室（图4-89）里金属配饰、高级皮革和玻璃镜面等不同材质相互碰撞，床上橙色作为配色加以点缀，以简洁的线条勾勒出舒适生活的品质感。营造舒适典雅的气息。

　　卧室空间（图4-90）色调营造温馨优雅的生活气息且自然流露，细节中酝酿着对未来美妙的幻想。

图4-89　　　　　　　　　　　图4-90　东易日盛装饰武汉分公司提供

　　客餐厅（图4-91、图4-92）整体的色调搭配上凸显一种奢侈的高贵气息。

图4-91　　　　　　　　　　　图4-92　东易日盛装饰武汉分公司提供

餐厅（图4-93、图4-94）时尚不代表奢华，而是一种生活方式。墙面上的装饰与主题呼应，艳丽色调中尽显优雅姿态。

图4-93　　　　　图4-94　东易日盛装饰武汉分公司提供

卫生间（图4-95）大面积的镜柜从视觉上扩大空间，双人洗漱台节省两人时间，色调风格统一的瓷砖，更具整体性。浴缸上方的挂画点缀，条纹的地毯、红色的马桶，使卫生间色彩不再单一。

图4-95　东易日盛装饰武汉分公司提供

16. 住宅别墅案例

项目来源：东易日盛装饰集团公司武汉分公司装修项目。

项目地址：武汉纯水岸华侨城。

设计风格：轻奢风格。

建筑面积：245m²。

施工工期：150个工作日。

设计取费：2.6万元。

装修造价：28万元。

设计说明：轻奢它是一种设计风格，也是一种生活态度，它着力于表现简约、舒适、低调而内敛的生活品质，同时又不失高贵与奢华。所谓轻奢主义，顾名思义，就是"轻度的奢侈"，也可以视为"低调的奢华"。

客餐厅（图4-96）整个空间蕴含大量的设计细节，黄铜和大理石元素的搭配，两者的搭配让整体设计增色不少。

客厅（图4-97）的设计给人最大的感受便是"奢而不华"，将轻奢风格的设计理念展现得淋漓尽致，此外，在色彩上的运用也是极为周到的，色调上的使用使业主内心有归家的平静。

图4-96　东易日盛装饰武汉分公司提供　　图4-97　东易日盛装饰武汉分公司提供

餐厅（图4-98、图4-99）自带高雅气质的金属元素，带有一丝令人着迷的精致感，是画龙点睛之笔。

图4-98　　　　图4-99　东易日盛装饰武汉分公司提供

卧室（图4-100）大面积的颜色调配，以单色和相近色系为主，加以亮色点缀。除了天花板大灯以外，夜晚用台灯营造温馨氛围，灯光的色调尽可能柔和。

休闲室（图4-101）运用对比鲜明的色彩，搭配一些精致软装元素来装饰，使整个空间演绎低调的奢华、大气。

图4-100　　　　　　　　　　图4-101　东易日盛装饰武汉分公司提供

餐厅（图4-102）橱柜选用整体的一字形的白色橱柜，充分利用各种空间达到强大的收纳功能，足够实用，岛台的设计让厨房工作井然有序，可以安排平时的简餐，省去不必要的麻烦。

卧室（图4-103）背景墙采用对称式装修，灯饰装修也具有特色，整体配色华丽温馨，让忙碌一天的生活变得更加的舒适。

图4-102　　　　　　　　　　图4-103　东易日盛装饰武汉分公司提供

17. 住宅别墅案例

项目来源：东易日盛装饰集团公司太原分公司装修项目。

项目名称：溪境。

项目地址：太原市忻州市繁峙县别墅。

设计风格：现代轻奢风格。

建筑面积：1200m$^2$。

住宅户型：别墅。

施工工期：自 2017 年 8 月 25 日 ~ 2018 年 6 月 22 日，合计 325 个工作日。

设计取费：10 万元。

装修造价：750 万元。主材甲供，其中柜体定制造价 53 万元。

设计说明：项目是一栋自建别墅，建筑周围片片茂密的白杨树和一潭清澈的湖水，缘溪行，忽逢"桃花林"，让人联想到陶渊明的《桃花源记》。以此设计思路来实现国际范儿的栖居和对品质生活的追求。室内与外观形成了鲜明对比。室外白杨冷峻而独立，室内则在色彩上给人以明媚如春。

客厅（图 4-104）的颜色及材质上与外界采取了统一的色调，保留了整体的舒适和谐度。抢眼的孔雀蓝壁画与地毯相映成趣，使得桃花源的风韵犹存。挑空区域高高的墙面以木色墙板和大理石为主，舒适奢华的 A&X 经典沙发摆放其中，与活泼的橘色、沉稳的深湖蓝色布艺呼应，顶面的水晶吊灯折射出的光芒为空间注入一丝华贵之感，遥相呼应的软装装饰为空间倾洒了高端大气氛围。

一楼会客兼商务厅（图 4-105）选用高雅的斯蒂罗兰会客沙发，如漫入云端般舒适自由，为商务功能增添了许多的乐趣与活泼，再点缀些中式的绿植和挂画，整个会客氛围不急不躁温润沉静，酝酿出独特而高雅的味道。

图 4-104　东易日盛装饰太原分公司提供　　图 4-105　东易日盛装饰太原分公司提供

移步旋转楼梯图（图 4-106）神秘的淡紫色水晶吊灯照耀出沁人心脾的柔软，似曼妙的蝴蝶翩翩起舞，在轻盈的舞姿间温柔地抚摸人的脸庞，地面大理石宛若无形的水波在地面流动，优雅且静谧，让人沉醉于此。

餐厅（图 4-107、图 4-108）设计将中西风格交融，呈现出共融中西合璧艺术。左侧整面储物柜均采用图兰朵私人高定，将西厨的设计风格与时尚艺术深度融合，尽显品位与档次。墙壁上充满意境的西方艺术，还有象征团圆的餐桌文化。

图 4-106′　东易日盛装饰太原分公司提供

图 4-107

图 4-108　东易日盛装饰太原分公司提供

　　儿童游乐区（图 4-109）充分利用小朋友玩耍的天性赋予了空间更多的储存空间，鹅黄色与海洋色有效地带给孩子视觉张力。四角桌在休闲时可以陪孩子一起拼图、下象棋、画画……从而进一步得到情感上的升华，同时也让孩子天马行空的想象得到释放。

　　卧室（图 4-110）的空间营造，采用了烫金条增加空间的奢美感，床头背景无过多铺排，简单的线条背景足以提亮了整个空间的亮度，整个空间充满了古典又静谧的韵味。

　　在主卧设置家庭厅（图 4-111），此空间主要用于夫妻之间的情感交流。整体风格偏向欧式风格，典雅高贵、温暖舒适。使家庭核心区域尽显设计之完美。

图 4-109

图 4-110　东易日盛装饰太原分公司提供

图 4-111　东易日盛装饰太原分公司提供

18. 住宅别墅案例

项目来源：东易日盛装饰集团公司太原分公司装修项目。

项目地址：山西省太原市迎泽区复地东山国际。

设计风格：美式风格。

建筑面积：450m$^2$。

住宅户型：别墅。

施工工期：施工时间自 2017 年 8 月～2018 年 10 月，合计约 14 个月。

设计取费：10 万元。

装修造价：7000 元 /m²。

设计说明：业主为一对中年夫妇，海外经商多年事业有所成就，喜欢美式家具的厚重感，偏好奢华稳重的家居氛围（图 4-112），家居氛围将沉稳复古和现代完美结合。设计追随客户意志，在客厅位置划出一个小空间放置钢琴，静心享受生活陶冶情操的时候，随时坐下给自己给家人弹一首喜欢的音乐，享受时光。

白色、黄色是此设计的基调，少量白色糅合，使色彩看起来明亮。客厅墙面，做出一个小斜面将墙面连接到一起，彰显空间大气的效果。大面积的玻璃窗带来了良好的采光，布艺单椅有着丝绒的质感以及流畅的木质曲线，搭配酒红色皮质沙发，将传统美式家居的奢华与现代家居的实用性完美地结合。

图 4-112　东易日盛装饰太原分公司提供

原建筑结构的厨房格局就比较大，设计考虑使用开放式厨房（图 4-113）。在厨房中加入一个小吧台，平时夫妇二人在家时吧台就可以满足一份简餐或是早餐的使用，节日聚餐时可以起到很好的联络感情的作用，本案为美式风格，相对适合使用开放式的厨房，在视觉上也相对要美观大气。

图 4-113　东易日盛装饰太原分公司提供

图 4-114　东易日盛装饰太原分公司提供

　　原建筑结构的餐厅位置窗户是八角窗户，设计保留八角窗户并使用木质窗套，满满的古典美式风（图4-114）。整个餐厅没有加入多余的装饰，实木的餐桌搭配皮质椅子，既时尚又大方。吊顶的设计大方又富有层次感。

　　本案一层南北各有一个入户门，所以使餐厅厨房通往客厅的过厅就成为活动最多的空间之一（图4-115）。过厅墙面造型与客厅空间造型相呼应，使用不同种类的石材搭配造型雕刻，让空间更有层次感。吊顶则与地面上下呼应，使用同样的造型以不同的形式体现。

　　设计在一层留出一个空间做茶室（图4-116）。作为客户在家中谈公事和会友的独立空间，品茶看书茶室还是按照中式风格设计，使用复古花格双开门，房间中装饰与家具陈列，留有业主空间以满足个人喜好。

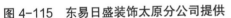

图4-115　东易日盛装饰太原分公司提供　　图4-116　东易日盛装饰太原分公司提供

　　考虑到客户喜好，主卧空间颜色以深色为主，沉稳大气（图4-117）。主卧的设计更倾向于展现大气的雅致，空间之中的装饰都是不着痕迹地流露出和谐安静的气息。卧室的功能使用相对装饰更加重要，床头两边加上壁灯，给晚上在床上看书提供充足的光源。

图4-117　　　　　　　　　　图4-118　东易日盛装饰太原分公司提供

主卫空间比较大，设计将马桶和洗衣封闭在一个独立空间中（图 4-118）。主卫空间较大满足使用双面盆，双面盆有时也可以提高生活情趣，面盆嵌入墙体内部两侧装有复古的美式壁灯，整体空间气氛优雅舒适。

## 4.3 住宅装修套餐预算

1. 国内家装套餐报价的三种主要形式

（1）套餐预算报价 = 装修基础项目 + 辅材 + 主材。

说明：常规分三级预算报价，按主材档次高低配置，进行级别价格划分。其中，不含拆除项目费用、不含水电项目费用、不含个性化设计项目。依据实际情况，另行实际测量计算。

（2）全装修套餐预算报价 = 装修基础项目 + 辅材 + 主材 + 拆除项目包 + 水电项目包。

说明：按主材档次划分套餐三档次报价。拆除包依据大小户型分为两档、水电项目包依据点位多少分为两档、个性化项目另行设计计算。

（3）装修含家具套餐报价 = 装修基础项目 + 辅材、主辅材 + 拆除项目包 + 水电项目包 + 全房部分家电、家具。

说明：主材配置分三档、家具家电分三档、水电包分两档、拆除包分两档。

2. 按建筑面积给出套餐综合每平方米预算报价

（1）北方地区主流形式：套餐 798 元 /m²、1198 元 /m²、1498 元 /m²。

（2）南方地区主流形式：套餐 898 元 /m²、1398 元 /m²、1698 元 /m²。

（3）套餐价中只包含装修基础项目和主辅材。

（4）装修含家具套餐，一般适合新房。常规销售方式，是按一套住房给出综合价格。以建筑面积 100m² 住房为例。常规在 13 万元、15 万元、18 万元三种档次。若包含水电项目、拆除项目、个性化项目等，每套预算需新增 2 万 ~ 4 万元费用。

（5）国家住建部 2019 年公布，住宅销售方式今后将以实际套内测量面积和单价（元 /m²）为依据计算。计算每平方米单价。届时，国内装饰装修单位，也会随之对家装套餐进行调整和改动。按照住宅建筑面积与套内使用面积的关系比例，家装套餐价格会适当上调，预计家装套餐价格上调幅度在 25% 左右。

3. 住宅装修给出各种整包价

（1）水电项目整包价。国内许多城市，有利于销售简单快捷签订装饰施工合同。一般会给出水电改造整包价（一口价）。装修公司通常会承诺：在水电改造方案不变的情况下，不会再有水电增项。而且，国内大多数中小型规模装修公司都在采用。

（2）以两居室住宅为例，南北方地区水电整包价通常如下：

4500～6800元/套（东北、西北大城市）；

6800～8800元/套（中原地区大城市）；

8800～12800元/套（南方沿海大城市）；

12800～15800元/套（发达核心城市）。

（3）在北京、上海、广州等特大型城市。当老房水电改造工程量较多时，通常装修公司不会按整包价进行报价。与甲方（客户）提前书面说明在开工现场，以水电改造工程的实际发生量，实测实量计算。避免了因提前预估的水电整包报价，可能间接出现装修总报价偏高的情况，造成签单困难。

（4）具体到联排、独栋别墅装修工程中，水电预算报价均是按建筑装饰室内电气预算定额、室内给水排水预算定额进行报价。同时由于装修项目技术复杂、要求高，通常联排、独栋别墅的水电项目预算均是由专业水电工程师进行设计出图并进行报价。

（5）由于南北方住宅家装市场，发展的历史背景和报价习惯有一定的差异性。所以南方家装报价一般由人工费＋材料费组成。而北方地区家装报价，通常以综合单价的套餐形式报价，不做人工费和材料费的拆分。

（6）拆除包分为两档，即新房拆除包和老房拆除包。老房拆除包里主要还包含了拆除厨房、卫生间墙地砖，老房拆除包费用较新房的要稍高一些。

## 4.4  家装全装修套餐产品细则

1. 产品基础条件

（1）A产品仅适用于70m² 以下面积户型；

B产品仅适用71～100m² 面积户型；

C产品仅适用100m² 以上面积户型。

（2）产品内施工区域包含门厅、客厅、餐厅、过道、阳台等公共空间，卧室、书房、儿童房等居室空间，卫生间，厨房，室内房高在2.8m 以内的平层户型，适应城区（全国城区按当地划分确定）所有楼盘。

（3）产品内标配卫生间一个。

（4）产品内标配厨房一个。

2. 产品计费方式

（1）A产品以50m² 以上的固定总价____元起，每增加1m² 增加____元。

B产品以71～100m² 固定总价____元起，每增加1m² 增加____元。

C产品以100m² 以上的固定总价____元起，每增加1m² 增加____元。

（2）计费面积计算标准

1）甲方（客户）在签订装修合同时须出具房本或购房合同，房屋若无异形等特殊部分和赠送部分，计费面积以房本或购房合同登记的为准。

2）甲方（客户）在签订装修合同时须出具房本或购房合同，房屋若有异形等特殊部分和赠送部分时，计费面积以（房本面积 + 赠送面积 /0.75）为准。

3）甲方（客户）无法提供房本或购房合同时，则计费面积（保留 2 位小数）= 实测套内建筑面积 /0.75。

注：套内建筑面积 = 房屋外墙内径实测面积（含套内墙体、含全封闭阳台、含飘窗）。

（3）产品内增加一个卫生间费用为：9000.00 元（服务项目与产品标配卫生间标准一致）。

（4）合同总价（产品价、增项价）包含税金。

3. 主材产品、部品项目详细说明

（1）室内门

1）室内单扇平开门含厨房、卫生间、卧室等原房屋内的原始结构空间门，不含入户防盗门、阳台门、衣帽间门、储藏间门、设备间门，不含因墙体改造、淋浴间隔断或其他所有内部分割而形成的隔间门，原结构空间门不限使用樘数，如因墙体改造减少的室内门不做减项处理。

2）室内单扇平开门均含门扇、门套、合页、锁具、门吸等标准配套五金件产品，如甲方不选用，不做减项处理。

3）产品内不包含窗套及垭口。

4）室内门洞尺寸不大于 2300mm（高）×900mm（宽），墙体厚度不超400mm，门型为异形或尺寸超出规定尺寸需另行计费，室内门安装时不提供墙体改造服务，两侧墙体厚度须一致，若需墙体改造费用另计。

（2）地板

1）地板踢脚线、防潮垫等均为标准配套产品，如不选用，不做减项处理。

2）地板铺设方式为常规式铺装。

3）如有异形、地台、楼梯、飘窗等需另行收费。

（3）瓷砖

1）墙砖施工范围包含厨房（含厨房阳台）及卫生间的墙面正贴，如有斜拼、错拼等需另行收费，产品内不含花片、腰线等装饰砖；如卫生间外设置干湿分区，仅浴室柜背墙贴砖，其余墙面刷漆处理。

2）地砖施工范围包含全屋地面铺贴，铺贴方式为正贴，如有斜拼、错拼等需另行收费。

（4）卫浴洁具

每一套卫浴洁具均包含 1 个坐便器，1 个花洒，五金三件套（厕纸盒、毛巾杆、浴帘杆），1 套浴室柜（标准柜，地柜：$W$=800mm、900mm、1000mm，

$D$＝450mm、600mm，镜柜：$W$＝800mm、900mm、1000mm，浴室柜限1.0m以内，镜柜限1.0m以内，洗面盆、龙头）及标准配件并提供送货安装服务。

（5）橱柜

1）产品内橱柜（户型原结构）不限米数。

2）产品内橱柜（户型原结构）不限形状（一字形/L形/双一字形/U形均可）。

3）产品内橱柜吊柜（户型原结构）长度不得超过地柜长度的2/3，超出部分按增减项处理。

4）地柜为标准柜，进深为550mm或600mm，一个户型中限选1个标准进深，高度为840mm；含2个抽屉，$W$＝800mm、600mm、450mm；含1个拉篮，$W$＝200mm。

5）吊柜为标准柜，高度＝700mm，进深＝350mm；含1个开放格＋上翻门（随意停）组合，$W$＝600mm、800mm；当吊柜总长度小于1.2m时，可根据客户要求，将上翻门及开放格组合取消，变为普通吊柜。

6）若开放式厨房橱柜/厨房阳台橱柜，地柜总长度限3.5m。

（6）石材

1）产品内提供室内门下过门石（岗石），长度不限、宽度≤300mm，超出部分另计。

2）产品内提供窗台石石材（岗石），长度不限、宽度≤300mm，超出部分及弧形等异形窗台板费用另计。

（7）烟机、灶具

产品内提供一套直吸烟机、一套灶具。

（8）集成吊顶

1）产品内提供厨卫（含厨房阳台）集成平顶，异形顶另行收费。

2）产品内提供一套风暖浴霸五合一，一套LED集成灯（300mm×600mm）或两套LED集成灯（300mm×300mm）。

（9）收纳柜

1）标配三个成品收纳柜，均为标准柜，可选柜体为：玄关柜、衣柜，客户根据需求进行选择。

2）玄关模块的标准宽度为700mm、800mm、900mm，进深的标准模块为150mm、280mm、380mm；衣柜模块的标准宽度为700mm、800mm、900mm，进深为600mm。

3）对于需要定制服务的收纳柜体，需按公司（活动升级）规定处理。

4.产品内包含的所有部品项目，均不允许做减项折抵

5.产品工期说明

（1）本产品工期：按房屋建筑面积大小确定工作日。

（2）为了维护双方的利益，双方权利义务均以书面协议为准（包括主合同及合同附件、产品说明等），任何口头承诺均属无效。本产品说明为主合同《装饰 - 家庭居室装饰装修工程合同》补充说明。

## 4.5  装修套餐施工工艺检查要点

1. 水电项目工艺检查要点

（1）水电材料品牌、规格等，是否符合设计要求，是否与报价单上的品牌、规格等一致，是否符合国家用材标准（根据合同报价说明执行，如业主自行提供部分材料，则这一部分测量不在质检员检查范围之内）。

（2）电线规格：照明线路主线、控制线、普通插座线路应采用 $2.5mm^2$ 电线，厨房插座、空调插座线应采用 $4mm^2$ 电线；电线是否有分色，全屋火、零、地线三线颜色是否有区分，同一种类的电线是否全部颜色是一种（根据合同报价说明执行断点改造线路与原线路截面积相同）。

（3）管与管之间采用套管连接，管与管的对口应位于套管中心，线管与底盒之间须使用杯梳或锁扣。如遇特殊情况杯梳无法安装，需用软管代替，禁止电缆绝缘外皮与套管切口直接接触。

（4）潮湿区域如卫生间、厨房、阳台常规不允许在地面敷设电路，特殊情况需进行安全论证后，再确定施工区域。PVC 线管在砌体墙上开槽敷设时，距离墙面深度应不小于 0.5cm（厨房及阳台无地漏的情况下线路可走地面，如业主有疑虑可将电管连接套管粘结）。

（5）暗线敷设必须配置导管或软型导管；墙面不允许开横槽，特殊情况下，横槽的长度不得超过 30cm。

（6）导线在管内严禁接头，接头应在检修底盒或箱内，以便检修；穿墙、移位需用硬管连接暗盒，不能用软管连接，不能有裸线。

（7）同一回路电线应穿入同一根管，管内导线的总横截面积应小于线管横截面积的 40%。如：直径 16mm 的线管单管最多允许穿 $2.5mm^2$ 电线 2 根。

（8）强弱电布线禁止共管共盒，强、弱电线交叉是否做特殊处理。如：强、弱电交叉是否使用锡箔纸处理且角度应满足 90°，强、弱电线管是否分开敷设。

（9）当吊灯自重在 3kg 及以上时，应先在顶板上安装后置埋件。严禁安装在木楔、木砖上。

（10）在布线套管时，同一沟槽如超过 2 根线管，管与管之间必须留缝隙，以防填充水泥时产生空鼓，检查所有线管是否使用专用线管固定。

（11）电线与暖气、热水、煤气管之间的平行距离不应小于 30cm，交叉距离不应小于 10cm。受空间限制冷热水交叉、平行距离不足应做隔热处理，如缠绕保温隔热棉。

（12）开关位置为便于操作，边缘距地台高度 120 ~ 140cm，高差应小于 0.5cm。根据设计要求及业主实际需求高度可适量调整。

（13）同一室内的电源、电话、电视等插座面板应在同一水平标高上，无特殊要求普通插座距地 30cm，高差应小于 0.5cm。

（14）热水器电源插座离地 1800mm 左右，偏离热水器安装，卫生间等电位保留，预留 $4mm^2$ 双色线连接至最近的插座地线上。

（15）强电箱是否采用分漏保控制。照明、挂机不经过漏保，漏保不能当总开。

（16）验收合格后的电路，查看预留的接线线头是否有做绝缘保护处理。

（17）冷热水管安装应左热右冷，平行间距应不小于 100mm，当冷热水供水系统采用分水器供水时，应采用半柔性管材连接，水管内丝接头是否预留合适的深度。考虑贴砖厚度，一般伸出墙体完成面 3 ~ 5mm 左右。

（18）管道敷设应横平竖直，管卡位置及管道坡度等均应符合规范要求。检查是否符合自排水要求。

（19）新设水管采用水压静压实验。要求：0.6MPa（约 $6kg/cm^2$），以静压 40min 左右不回落为准。

（20）沐浴进水口中心间距 15cm，离地 90 ~ 110cm。浴缸进水口中心间距 15cm，离地 60 ~ 75cm。根据现场实际情况离地数值可上下浮动。

（21）洗脸盆、洗菜盆进水口中心间距 15cm，离地 55cm 左右。热水器进、出水口中心间距 15cm，离地 120cm（根据现场实际情况数值可上下浮动）。

（22）排水管连接牢固，灌水测试无渗漏，排污管（黑水管）距墙面坑距是否符合要求。考虑到贴砖厚度，坑距 300mm 或 400mm。

（23）排水管道需临时封口，避免杂物进入管道。

（24）防水技术交底：潮湿区域，如厨房、卫生间、阳台等地面必须施做防水且需沿垂直方向上还需做 30cm 延伸，经 24h 静水压力测试应无任何渗漏。

（25）业主提供的施工材料均不在验收范围之内，同时不予保修。

（26）断点改造线路仅负责改造部分线路保修。

2. 泥木项目工艺检查要点

（1）根据图纸或业主要求检查墙、地砖是否需要拼花或是按图纸施工，有无色差，砖缝大小是否一致。阴阳角及裁砖部分允许有偏差但需符合验收标准。

（2）单块砖空鼓不得超过 20%，空鼓砖不得超过总数的 5%，中心不得空鼓，地砖不允许空鼓。

（3）墙、地砖表面平整，勾缝呈十字接缝并且整齐、均匀一致，无明显缝线粗细不均。

（4）阳角拼接处，是否顺直，无绷瓷（供应商家加工砖），接缝吻合。铺贴前应进行放线定位和排砖，非整砖应排放在次要部位或阴角处。每面墙不宜有两列非整砖，非整砖宽度不宜小于整砖的1/3。

（5）厨房、卫生间、阳台地砖是否预留排水坡度，排水顺畅无积水，坡度应达到 > 2‰，地漏处的瓷砖是否做坡度拼接处理。根据现场实际面积进行适当调整，现场检查走水坡度。

（6）瓷砖及门槛石等石材铺贴无划痕、污渍、断裂、缺棱掉角，检查门槛石高度是否略高于潮湿区域。

（7）墙面管卡、插座部位整砖套割方正，管口位置需用开孔器开孔。

（8）潮湿区域如卫生间、厨房、阳台等墙砖压地砖铺贴。

（9）木工材料品牌、规格等，是否符合图纸要求，是否与报价单上的品牌、规格等一致，是否符合国家用材标准。

（10）石膏板板缝是否预留 5mm 伸缩缝，石膏板与墙体接缝预留 3mm 左右，板缝最好预留伸缩缝，板缝、接缝处是否有做防开裂处理。常规的如贴牛皮纸、纤维网布。

（11）石膏板吊顶拐角处是否使用"7"字形完整版，石膏板边缘自攻螺栓边距离 10 ~ 15cm，中间距离 30 ~ 40cm，螺栓帽不得突出石膏板表面，检查螺栓帽是否用防锈漆处理。

3. 涂料、油漆工艺检查要点

（1）进场前确认油漆材料的品牌、规格等，与报价单上的品牌、规格等一致。

（2）石膏线无拼接痕迹，棱角顺直，无崩边掉角。

（3）所有阴阳角方正、顺直。

（4）墙面平整、顺直，距1.5m处正视无明显起鼓、凹陷、裂痕的现象。

（5）乳胶漆涂刷均匀，距1.5m处正视无刷痕、流坠、起皮、裂纹透底。

4. 墙、地面瓷砖铺贴工艺要点

墙、地面瓷砖铺贴检查标准和允许偏差见表4-7。

**检查标准和允许偏差（mm）**　　　　　　　　　　　表 4-7

| 项次 | 项目 | 瓷砖面层 | 石材面层 | 施工工艺检查方法 |
|---|---|---|---|---|
| 1 | 表面平整度 | 2mm | 1mm | 用建筑水平尺检查 |
| 2 | 缝格平直 | 3mm | 2mm | 接 5m 线和用钢尺检查 |
| 3 | 接缝高低差 | 0.5mm | 0.5mm | 用钢直尺和楔形塞尺检查 |
| 4 | 踢脚线上口平直 | 3mm | 1mm | 接 5m 线和用钢直尺检查 |
| 5 | 板块间隙宽度 | 3mm | 1mm | 用钢直尺检查 |

5. 主材安装工艺、定制产品安装工艺由供应商家单位负责与甲方检查

# 5 施工合同与质量检测

## 5.1 家庭居室装修工程施工合同（通用模板）

发包方（以下简称甲方）：＿＿＿＿＿＿＿＿＿

委托代理人（姓名）：＿＿＿＿＿＿＿＿＿　民族：＿＿＿＿＿＿＿＿＿

住所：＿＿＿＿＿＿＿＿＿＿＿＿＿＿　身份证号：＿＿＿＿＿＿＿＿

联系电话：＿＿＿＿＿＿＿＿＿＿＿＿　电子邮箱：＿＿＿＿＿＿＿＿


承包方（以下简称乙方）：＿＿＿＿＿＿＿＿＿

营业执照：＿＿＿＿＿＿＿＿＿＿＿＿＿＿＿

住所：＿＿＿＿＿＿＿＿＿＿＿＿＿＿＿＿＿

法定代表人：＿＿＿＿＿＿＿＿　联系电话：＿＿＿＿＿＿＿

委托代理人：＿＿＿＿＿＿＿＿　联系电话：＿＿＿＿＿＿＿

设计师：＿＿＿＿＿＿＿＿　证件号：＿＿＿＿＿＿＿　联系电话：＿＿＿＿＿＿＿＿

施工负责人：＿＿＿＿＿＿＿＿　证件号：＿＿＿＿＿＿＿　联系电话：＿＿＿＿＿＿＿＿

依照《中华人民共和国合同法》《中华人民共和国消费者权益保护法》等有关法律、法规的规定，结合本市家庭居室装饰装修的特点，甲、乙双方在平等、自愿、公平、诚实信用的基础上，就乙方承包甲方的家庭居室装饰装修工程（以下简称工程）有关事宜，达成如下协议：

**第一条　工程概况**

1.1　工程施工地点＿＿＿＿＿＿＿＿＿＿＿。

1.2　工程装饰装修面积＿＿＿＿＿＿＿＿＿。

1.3　工程户型＿＿＿＿＿＿＿＿＿。

1.4　工程内容及做法，见《工程报价单》（附件三）和施工图纸。

1.5　工程承包，采取下列第＿＿＿＿＿种方式。

1.5.1  乙方包工、包全部材料（附件二）。

1.5.2  乙方包工、包部分材料，甲方供应其余部分材料（附件一、二）。

1.5.3  乙方包工费_____。

1.6  工程期限_____日（以实际工作日计算）。

　　　开工日期：_____年____月____日

　　　竣工日期：_____年____月____日

1.7  工程款和报价单

1.7.1  工程款：本合同工程造价为（人民币）_____金额大写：_____。

1.7.2  《工程报价单》（附件三）应当参考建设行政主管部门发布的上一年度建设工程计价依据，由双方本着优质优价原则约定。

**第二条  工程监理**

若本工程实行工程监理制，甲方应当与经建设行政主管部门核批的工程监理公司另行签订《监理合同》，并将监理工程师的姓名、单位、职称、联系方式及监理工程师的职责等内容以书面形式告知乙方。

**第三条  施工图纸**

3.1  施工图纸采取下列第_____种方式提供。

3.1.1  甲方自行设计的，应当提供施工图纸一式三份，甲方执一份，乙方执两份。

3.1.2  甲方委托乙方设计的，乙方应当提供施工图纸一式三份，甲方执一份，乙方执两份。

3.2  开工三日前，甲方应当协助提供施工地点的原结构、水路、电路施工图。

3.3  双方应当对施工图纸予以签收确认。

3.4  对施工图纸的变更应当以甲方签字确认为准。

3.5  双方不得将对方提供的施工图纸、设计方案等资料擅自复制或转让给第三方，也不得用于本合同以外的项目。

**第四条  甲方义务**

4.1  开工三日前为乙方入场施工创造条件，以不影响施工为原则。

4.2  开工三日前对水电工程量予以确认。

4.3  无偿提供施工期间的水源、电源和冬季供暖。

4.4  办理物业部门开工手续并承担相关费用。

4.5  遵守物业部门的规章制度，并告知乙方。

4.6  协调乙方施工人员与邻里之间的关系。

4.7  不得强制乙方有下列行为：

4.7.1  随意改动房屋主体和承重结构；

4.7.2  在外墙上开窗、门或扩大原有门窗尺寸，拆除连接阳台门窗的墙体；

4.7.3　在室内铺贴厚度 1cm 以上石材、砌筑墙体、增加楼地面荷载；

4.7.4　破坏厨房、卫生间地面防水层或拆改热、暖、燃气等管道设施；

4.7.5　强令乙方违章作业施工的其他行为。

4.8　凡必须涉及 4.7 款所列内容的，应当向房屋管理部门提出申请，由原设计单位或具有相应资质等级的设计单位对改动方案的安全性进行审定并出具书面证明，再由房屋管理部门批准。

4.9　施工期间甲方仍需部分使用该居室的，应当配合乙方做好安全及消防工作。

4.10　参与工程质量施工进度的监督，参加材料验收、隐蔽工程验收、中期工程验收、竣工验收。

**第五条　乙方义务**

5.1　施工中严格执行有关法律法规及施工规范、质量标准、安全操作规程、防火规定，安全、保质、按期完成本合同约定的工程内容。

5.2　严格执行建设行政主管部门的施工现场管理规定：

5.2.1　无房屋管理部门审批手续和加固图纸，不得拆改工程内的建筑主体和承重结构，不得因装修项目，过度加大室内地面荷载，不得改动室内原有热、暖、燃气等主管道设施；

5.2.2　不得扰民及污染环境，每日十二时至十四时、十八时至次日八时之间不得从事敲、凿、刨、钻等产生噪声的装饰装修活动；

5.2.3　因进行装饰装修施工造成相邻居民住房的管道堵塞、渗漏、停水、停电、墙体开裂等，由乙方承担修理和损失赔偿责任；

5.2.4　负责工程成品、设备和居室留存家具陈设的保护；

5.2.5　保证居室内上、下水管道畅通和卫生间清洁；

5.2.6　保证施工现场整洁，每日完工后清扫施工现场。

5.3　通过告知网址、统一公示等方式为甲方提供本合同签订及履行过程中涉及的各种标准、规范、计算书、参考价格等书面资料的查阅条件。

5.4　甲方为少数民族的，乙方在施工过程中应当尊重其民族风俗习惯。

5.5　遵守物业部门的规章制度并承担相应责任。

5.6　未经甲方同意，不得擅自在施工地点做饭、住宿。

**第六条　工程变更**

6.1　施工期间本合同约定的工程内容如需变更，双力应当协商一致，共同签订书面变更协议，同时调整相关工程费用及工期。工程变更协议，作为竣工结算和顺延工期的根据。

6.2　甲方对本合同约定的工程内容提出减项时，如该项目已开工，甲方应当承担由此造成的损失。

6.3 工程增项时，甲方应当根据工程量适当延长工期，并在工程变更协议中予以注明。

6.4 甲方不得与乙方设计师或施工人员私自确定工程变更内容，否则乙方有权拒绝承担相应责任。

**第七条 材料供应**

按乙方编制的《工程材料、设备明细表》（附件一、二）约定的供应方式、内容提供：

7.1 由甲方供应的材料、设备，甲方应当在材料、设备送到施工现场前通知乙方。双方就材料、设备的数量、质量、环保等内容按照约定共同验收并办理交接手续。甲方供应的材料、设备在施工使用中的保管和质量控制责任由乙方承担。

7.2 由乙方供应的材料、设备，乙方应当在材料、设备送到施工现场前通知甲方。双方就材料、设备的数量、质量、环保等内容按照约定共同验收，由甲方确认备案。

7.3 双方供应的装饰装修材料，应当符合《室内装饰装修有害物质限量标准》，并具有由有关行政主管部门认可的专业检测机构出具的检测合格报告。

**第八条 工期延误**

8.1 因以下原因造成竣工日期延误的，经甲方确认后工期应当顺延：

8.1.1 工程量变化或设计变更；

8.1.2 不可抗力；

8.1.3 甲方同意工期顺延的其他情况。

8.2 因以下原因造成竣工日期延误的，工期应当顺延：

8.2.1 甲方未按合同约定完成其应当负责的工作而影响工期的；

8.2.2 甲方未按合同约定支付工程款影响正常施工的；

8.2.3 因甲方责任造成工期延误的其他情况。

8.3 因乙方责任不能按期完工的，工期不顺延；因乙方责任造成工程质量存在问题需要返工的，返工费用由乙方承担，工期不顺延。

**第九条 质量标准**

9.1 工程的空内环境污染控制应当严格按照《民用建筑工程室内环境污染控制规范》GB 50325—2010 的标准执行。

9.2 工程施工质量按下列第 _____ 项标准执行：

9.2.1 北京市地方标准（《居住建筑装修装饰工程质量验收规范》DB11/T 1076—2014）；

9.2.2 _____。

9.3 验收时双方对材料、工程质量、室内空气质量发生争议的，应当申请由相关行政主管部门认可的专业检测机构进行检测认定：相关费用由申请方垫付，最终由责任方承担。

### 第十条　工程验收

10.1　双方在施工过程中分以下阶段对工程质量进行联合验收：

10.1.1　材料验收；

10.1.2　隐蔽工程验收；

10.1.3　中期工程验收；

10.1.4　竣工验收。

10.2　隐蔽工程和中期工程完工后，乙方应当通知甲方在三日内进行验收，待双方验收合格并签字确认后，乙方方可进行下道工序施工；如甲方不进行验收，乙方有权暂停施工，相应工期损失由甲方承担；如乙方未通知甲方进行隐蔽工程或中期工程验收而擅自进行下道工序施工的，甲方有权要求乙方停止施工由此造成的损失由乙方承担。

10.3　工程完工后，乙方应当通知甲方进行竣工验收，甲方自接到通知后三日内组织验收。竣工验收合格后，双方应当签署《工程验收单》（附件四）、《工程决算单》（附件五），结清尾款，办理工程移交手续，并签署《家装工程保修单》（附件六）；乙方应当向甲方提供其施工部分的水、电隐蔽工程改造图。

10.4　双方竣工验收前，乙方负责保护工程成品和工程现场的全部安全。

10.5　为分清责任，双方未办理竣工验收手续前，甲方不得入住；如甲方擅自入住，视同验收合格，由此造成的损失由甲方承担。

10.6　竣工验收在工程质量、室内空气质量及结算方面存在个别的非重大问题时，经双方协商一致签订《解决竣工验收遗留问题协议》后，甲方也可先行入住。

### 第十一条　工程款支付方式

11.1　工程款支付采用下列第 ＿＿＿＿＿＿＿ 种方式：

11.1.1　本合同签字生效后，甲方按表中约定向乙方支付工程款：

| 工程进度 | 付款时间 | 付款比例 | 金额（元） |
|---|---|---|---|
| 对预算、设计方案认可 | 签订合同当日 | | |
| 隐蔽工程竣工 | 水、电管线隐蔽工程验收通过3日内 | | |
| 工程进度过半 | 中期工程验收通过3日内 | | |
| 竣工 | 验收通过3日内 | | |

11.1.2　双方协商一致的其他支付方式：＿＿＿＿＿＿＿＿＿＿＿＿＿＿

＿＿＿＿＿＿＿＿＿＿＿＿＿＿＿＿＿＿＿＿＿＿＿＿＿＿＿＿＿＿＿＿。

11.2　工程进度过半：是指现场工程中，水、电管线铺设完成，厨房、卫生间墙砖铺设完成，现场木作类定制完成。

11.3 中期工程验收通过后，甲方对乙方提交的按实际施工情况编制的《工程报价单》(附件三)、《工程决算单》(附件五)进行审核。甲方自提交之日起三日内如未提出异议，视为甲方同意支付乙方工程中期款。

11.4 工程竣工验收通过后，甲方应当在三日内到乙方财务部门支付尾款。工程款全部结清后，乙方应当向甲方开具正式发票作为工程款结算凭证。

11.5 乙方应当自收到甲方尾款后三日内办理工程交接，并开具《家装工程保修单》(附件六)。

**第十二条　违约责任**

12.1 签订合同后未开工前，如单方要求解除合同，解约方除承担对方的实际损失外，还应当按工程造价总金额的 _____ % 支付违约金。

12.2 一方因违反有关法律规定受到行政处罚的，最终责任由责任方承担。

12.3 一方无法继续履行合同的，应当书面通知对方，并由责任方承担因合同解除而造成的损失。

12.4 甲方无正当理由未按合同约定期限支付第二、三、四次工程款，应当向乙方按日支付迟延部分工程款 2% 的违约金，但累计不得超过工程造价总金额的 20%，甲方延迟支付超过 ____ 日的，乙方有权解除合同。

12.5 由于乙方责任延误工期的，应当按日向甲方支付工程造价总金额 2% 的违约金，但累计不得超过工程造价总金额的 20%，乙方延误工期超过 _____ 日的，甲方有权解除合同。

12.6 由于乙方责任导致工程质量或室内空气质量不合格的，乙方按下列约定进行返工修理、综合治理和赔付：

12.6.1 对工程质量不合格的部位，乙方应当进行彻底返工修理。因返工造成工程延期交付视同工程延误，按 12.5 的标准支付违约金。

12.6.2 对室内空气质量不合格的，乙方应当进行综合治理。因综合治理造成工程延期交付视同工程延误，按 12.5 的标准支付违约金。

12.6.3 室内空气质量经综合治理仍不达标且确属乙方责任的，甲方有权要求乙方返还不达标工程项目涉及的工程款；不足以弥补甲方损失的，甲方有权要求乙方赔偿。

**第十三条　争议解决方式**

本合同项下发生的争议，双方应当协商解决或向市场主办单位、北京市建筑装饰协会、消费者协会等组织申请调解解决；经协商或调解未达成一致的，按下述第 _____ 种方式解决：

1. 向 _____ 人民法院起诉。

2. 向 _____ 仲裁委员会申请仲裁。

**第十四条　附则**

14.1　本合同经甲乙双方签字（盖章）后生效。

14.2　本合同签订后工程不得转包。

14.3　双方可以书面形式对本合同进行变更或补充，但变更或补充减轻或免除本合同约定应当由乙方承担的责任，仍应当以本合同为准。

14.4　因不可规责于双方的原因影响了合同履行或造成损失，双方应当本着公平原则协商解决。

14.5　乙方撤离市场的，由市场主办单位先行承担赔偿责任，主办单位承担责任之后，有权向乙方追偿。

14.6　本合同履行完毕后自动终止。

**第十五条　其他约定事项：**

甲方（签字）：　　　　　　　乙方（签字）：

　　　　　　　　　　　　　　法定代表人：

　　　　　　　　　　　　　　委托代理人：

年　月　日　　　　　　　　　年　月　日


附件一：甲方供应工程材料、设备明细表

项目：材料名称、单位、品种、规格、数量、供应时间、供应验收地点。

备注：所供给的材料、设备须具有相关部门认可的验收单位出具的检验合格报告。

附件二：乙方供应工程材料、设备明细表

项目：材料名称、单位、品种、规格、数量、供应时间、供应验收地点。

备注：所供给的材料、设备须具有相关部门认可的验收单位出具的检验合格报告。

附件三：工程报价单

项目：计算单位、计算单价、工程数量、合计金额、包含工艺做法、用料说明。

附件四：工程验收单

附件五：工程决算单

附件六：家装工程保修单

保修备注：

1. 自竣工验收之日起，装饰装修工程保修期为两年，有防水要求的厨房、卫生间防渗漏工程保修期为五年。

2. 保修期内因乙方施工、用料不当的原因造成的装饰装修质量问题，乙方须及时无条件维修。

3. 保修内因甲方使用、维护不当造成损坏或不能正常使用,乙方酌情收费维修。

4. 本保修单在甲、乙双方签字盖章后生效。

## 5.2 工装装修施工合同(通用模板)

发包单位:_____(以下简称甲方)

承包单位:_____(以下简称乙方)

依照中华人民共和国经济法、建筑安装工程承包合同条例,经双方协商一致,签订本合同并严肃履行。

**第一条 工程项目**

1. 工程名称

2. 工程地点

3. 工程项目

4. 工程承包方式

5. 工程材料

工程所需全部材料、设备均由乙方负责采购。乙方采购的材料、设备,必须附有产品合格证才能用于工程。工程清单作为合同附件,同时作为工程竣工验收和结账的依据。

6. 本工程的工程价款采用固定总价的方式计算。

6.1 本合同固定总价为:(大写)_____ 整人民币(¥ _____ 元)(下称"固定总价"),其中:固定总价作为双方支付工程款的依据,最终合同结算金额按结算原则结算。

6.2 已包含乙方完成单位工程量需支付的:管理费、保险费、税金、利润、机械、人工、除约定甲供材外的所有材料、材料搬运及二次搬运、材料保管、成品保护、食宿、交通、差旅、冬雨期施工费、春节放假安置费、自身产生的垃圾清运到指定地点、本合同中要求之不可预见零星工程产生的费用、人工、机械和材料的市场价格波动风险、未合格项目处理、临水、临电设施、所有施工水电费、非乙方原因延期、误工费,办理市政、建委、发包方、物业要求之各项需土建施工单位办理相关手续费用综合总价(包含所有取费)计价形式,即:根据约定的人工工资、约定的辅材、机械、耗材及施工图纸、发包方的要求、土建施工做法说明、现场实际情况及充分考虑施工过程中所存在的风险等构成综合总价。

6.3 结算:本工程结算方式为:合同价款 + 洽商变更,洽商变更以甲乙双方签字确认的图纸、方案及报价为准。

6.4　本工程乙方提供：

（1）装修工程全套设计施工图纸（含整体改造方案中效果图等）；

（2）项目预算报价书；

（3）施工进度计划表；

（4）装修材料品牌明细表等。

附件视为与合同是一个整体，具有契约效力。

6.5　本工程乙方负责现场（1）驻场工程师姓名：　　　　　电话：

　　　　　　　　　　　　（2）项目经理姓名：　　　　　电话：

备注：驻场工程师负责现场洽商、沟通、协调等事宜。

**第二条　工程期限**

1.开竣工日期：本工程总工期为 _____ 天。

由 ____ 年 __ 月 __ 日至 ____ 年 __ 月 __ 日止。

（注：因不可抗力造成停工，应予以办理停工手续，相应竣工日期顺延，甲方不持异议。）

2.在施工过程中，如遇下列情况，可延工期。顺延期限应由双方协商并签订协议。

2.1　一周内，非乙方原因，停水、停电造成停工累计超过 8 小时。

2.2　甲方未能按合同约定拨付工程款。

2.3　由于人力不可抗拒的灾害而被迫停工。

2.4　由于非乙方原因造成现场施工时间每天少于 8 小时。

3.由于乙方原因，造成人员不足、材料供应拖后等原因，影响进度，工期延期。乙方支付 1.5‰，工程造价金额违约金 _____ 。

**第三条　工程款拨付、结算**

1.甲、乙双方签订合同之日起三日内，甲方向乙方拨付首期工程款 _____ 元（工程总造价的 35%）。工程完成 50% 甲方向乙方拨付中期工程款 _____ 元（工程总造价的 35%）。工程完成 80% 甲方向乙方拨付工程款 _____ 元（工程总造价的 20%）。工程竣工验收合格并办理结算手续后三日内，其余结算金额甲方一次付清（新增加条款）。

2.乙方在签合同时提供：按现有工程测算，工程完成 50% 时，注明施工进度到达节点（即改造项目地下部分、门厅部分、三层部分，完成施工阶段，大致到什么程度，也可在施工进度表中注明）。在工程完成 80% 时，注明施工进度到达节点（即改造项目地下部分、门厅部分、三层部分，完成施工阶段，大致到什么程度，可在施工进度表中注明）。

3.因甲方原因提出工程变更，必须提前办理洽商变更手续，竣工结算时按一次性洽商增账统一纳入结算。

**第四条　工程施工**

1. 乙方根据图纸进行施工，未经甲方同意并签字认可，乙方不得自行更改施工图纸。

2. 甲、乙双方在施工中遇到工程增减项或设计变更，乙方应按新设计和增减项作出新的预算，经双方确定价格，双方增订补充协议。

**第五条　工程质量**

1. 乙方必须严格按照施工图纸、说明文件和国家颁发的建筑工程规范、规程和质量检验标准组织施工，乙方按自检、抽检、巡检、开展质量管理。并做好相应的工作日志和检查记录，接受甲方监督。

2. 因工程质量原因导致返工而影响工期的，乙方应按本合同的约定承担逾期完工的违约责任。

**第六条　竣工验收与保养**

1. 竣工工程验收合格，从验收合格之日起七日内，乙方向甲方移交手续。

2. 在验收中如发生工程质量不符合规定，乙方应负责无偿修理或返工，并在双方议定的期限内完成，经验收合格后，再进行移交。

3. 工程交付竣工甲乙双方签字之日起，在正常使用条件下，装修改造工程免费保修两年。防水工程免费保修五年。

4. 工程未经验收，甲方提前使用或擅自动用，视为验收合格，由此发生的质量或其他问题，由甲方承担责任。

**第七条　双方责任**

甲方应负责任事项：

1. 负责与楼宇、房屋所有单位、物业部门协调装修工程中开工、竣工办理手续问题。

2. 参与乙方负责装修改造与物业相关部门的交涉、协调事宜。

3. 提供施工场地的水电主线路安装并验收完毕。

4. 提供施工期间现场的水、电（装修施工用的水电费均由甲方承担）。

5. 负责参与做好隐蔽工程的验收，办理施工签证手续。

6. 按合同进度及时支付装修款项。

7. 负责向物业交纳的费用等。

乙方应负责任事项：

1. 严格按有关消防及其他安全规范的要求进行施工，并做好现场防火工作。

2. 按规定合同期限竣工，交付甲方使用。

3. 施工图中水、电图应齐全，保证隐蔽部位按规范要求施工。

4. 应严格执行安全生产的相关规定。

5. 负责装修改造工程设计图纸和改造方案，以及设计施工方案的可靠实施。

6.负责协调物业及相关单位进行装修工程改造施工。

7.承诺按省、市住建部门规定,进行安全施工教育,并与施工队签署了安全协议。

8.承诺按省、市住建部门规定,进行消防教育,并与施工队签署了消防保障协议。

9.承诺按省、市住建部门规定,使用临时用电安全,并与施工队签署了临时用电的安全协议。

**第八条　争议解决方式**

1.本合同一式两份,甲乙双方各执壹份,具有同等法律效力。

2.甲乙双方因执行本合同如发生争议,无法达成一致时,可向合同相关部门申请仲裁或由一方直接向人民法院起诉。


发包方(签章):　　　　　　承包方(签章):

法定代表人:　　　　　　　　法定代表人:

法人委托人:　　　　　　　　法人委托人:

联系电话:　　　　　　　　　联系电话:

传真:　　　　　　　　　　　传真:

签订日期　　年　月　日　　　签订日期:　　年　月　日


# 5.3　家装图纸审核

1.家装常用12种施工图

图纸封面:项目名称、施工地址、设计单位、甲方联系方式、设计师联系方式、合同编号、设计费金额等。

设计图纸目录:图纸明细、图纸页码。

设计说明:房屋基本情况、业主状况、室内面积、户型、装饰风格、色彩主题等。

(1)原始结构图

原始结构图是套内的原始结构尺寸图,标注出房型的尺寸、层高、原始管路及门窗洞口参数等,以及每个房间的长宽、区域位置建筑参数。

(2)墙体拆除图

房屋墙体拆除尺寸的示意,注意要有每面拆除墙体的长宽尺寸标示。

(3)墙体新砌筑图

新砌的墙体示意图,注意砖墙和轻钢龙骨隔墙的标示要有区分。

一般会用不同的线条代表新建墙体的类型或加注释说明。

(4)平面布置图

预期装修完成后的室内平面布置效果,注意家具的尺寸和各动线通道宽度数据。

（5）地面铺装图

标注具体的地面区域所用的材料材质的种类，地砖或地板或大理石规格和范围，以及拼接手法（如地砖有正铺、斜铺）。地板和地砖的用料根据这张图纸作初步估计。

（6）天花布置图

顶面布置：各种石膏板、铝扣板吊顶和顶角石膏线的设置。这里要注意安装灯具、浴霸灯的标示。灯具的类型、天花造型的尺寸、安装尺寸、定位、灯具位置，详细索引，到地面高度、具体大样等。

（7）灯位布置图

要标示每个具体吊顶制作的长宽尺寸，灯具安装在某个区域的具体位置。

（8）开关电源位置图

对强电箱和各个强电插座位置标示，确定需求，并布置足够的插座等。插座按分类标示，注意有些区域要用到双联双控开关（如卧室床头有控制房子顶灯的开关）。

（9）立面施工图

1）在平面图上标注出后面立面图视觉位置。如图中 A 就代表着厨房这个区域从 A 处看过去的立面。

2）继续以上面厨房立面为例，下面是厨房里的 4 个立面图纸。最好在每个房间都有这样的立面示意。

（10）节点图（详图：收费设计师用）

（11）效果图（收费设计师用）

效果图是通过图片来表达作品所需要以及预期要达到的有色彩的效果，用高仿真的制作来示意设计方案风格，并用来检查原设计图纸的细微瑕疵（效果图是以平面布置图＋设计风格为基础）。可对项目方案进行修改和深化推敲。

（12）电气系统图（联排、别墅必须用）

电气系统控制图是用来表明供电线路与各设备工作原理及其作用、相互间关系的一种表达方式，是建筑安装工程电气施工图的组成部分，表明各个分支回路的最大电流和主要参数。

2. 审核内容

（1）以现场施工人员的角度，去审核设计图，是否可以指导施工。

（2）作为安排人工工时、设备、工具等，辅材批次进场的重要参考依据。

（3）放线所需：位置、高度、尺寸。

（4）现场施工所需施工下料参数：标注数据要齐全（无漏标、无冲突、材质明确）。

（5）施工图纸主要关联要素

1）本套设计图纸之间的关联性；

2）与报价预算工程量的关联性；

3）与订购主材产品数量的关联性；

4）与订购中央空调的关联性；

5）与新风系统的关联性；

6）与地采暖的关联性；

7）特殊外购、定制（楼梯、断桥铝门窗、景观产品）关联性均综合安排考虑。

（6）细节要点

1）看图名、比例、指北针（朝向）、入口、通道、阳台、楼梯。

2）看定位尺寸，了解承重墙、梁、柱、进深尺寸。看厨卫内部陈设：卫浴、坐便器具体位置。

3）看标高，尤其装饰吊顶标高。查看图中索引、符号。对剖面图、节点图、详图进行核对。

4）立面图、剖面图（看剖面内容构造，掌握不同材料的相互关系）。

3. 施工图确认手续

（1）客户、设计师、监理在图纸上签字（正楷），工程部主管审核通过后签字。

（2）家装常规开工 3～5 天内，工长需对图纸、报价进行现场的二次审核。可向工程部提出进行补充、整改的建议。超过 5 天现场与图纸不符，造型尺寸参数不全，产生的变更增项相关事宜，均由工长自行解决处理。

# 5.4 家装质量检测工具

装修工程质量检测、检查、验收是很重要的工程施工管理环节。质检人员通过眼看、手摸、耳听来观察装修工程项目质量结果的好坏，发现隐患、瑕疵、质量问题。同时必须借助建筑检测设备、工具提高工作效率。给施工人员和业主，一个有说服力的专业质量结果检测数据。对照相关标准给出验收结果报告。

1. 家装质检配套测量仪器和工具

（1）测量仪器和工具

1）分度值为 1mm 的钢卷尺；

2）分度值为 0.5mm 的钢直尺；

3）分辨率为 0.02mm 的游标卡尺；

4）分度值为 0.5mm 的楔形塞尺；

5）精度为 0.5mm 的 2m 垂直检测尺；

6）精度为 0.5mm 的内外直角检测尺；

7）精度为 0.5mm 的 2m 水平检测尺；

8）水平精度为 1mm/7m 的激光水平仪；

9）精度为 0.2mm/m 的激光测距仪。

（2）测量仪器和工具应用

1）检测工具箱

检测工具箱常规由 7 件多功能建筑检测器组成，用于工程建筑装饰装修、产品安装等工程施工及竣工质量检测，可以实现精确的质量检验，并能看出施工队伍的实力和技术装备的水平（图5-1）。

2）激光水平仪

激光水平仪：主要应用于建筑装饰、装潢装修等工程施工及竣工墙体的水平和垂直度的检测。可以实现十字线和 360° 水平线，精确检验房屋墙体阴角、阳角的垂直度和水平度，可以精准误差到 1mm（图5-2）。

图5-1　检测工具箱　　　　　图5-2　激光水平仪

3）激光水平仪在工地上的使用场景

激光水平仪检查墙面可以从地面直到顶面垂直，常规不受层高的限制，最高可到 7m。对墙面上的背景边框四周是否方正，检查快捷准确。是近年来采用家装检测工具的更新换代产品，检测精度高。实力强的专业施工队都有配置（图5-3、图5-4）。

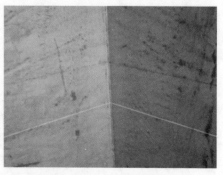

图5-3　仪器使用场景　　　　　图5-4　激光十字线

4）垂直检测尺

垂直检测尺（简称 2m 靠尺）主要用于水平和垂直面的精确检测，精度误差到 0.5mm，可以精确检测墙面和地面的平整和垂直施工质量。当地面的平整度在小于 3mm 时，可以铺复合地板。大于 3mm 地板就会局部有空隙，使用时间在一年之内地板有可能被踩变形、开裂损坏（图 5-5）。

5）内外直角检测尺

用于检测物体上内外（阴阳）直角的偏差，以及测量房屋中墙面直角的参数。精度误差在 0.5mm。检测作用：检测房屋墙面铺贴瓷砖角度方正（图 5-6）。

图 5-5　垂直检测尺

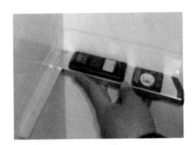

图 5-6　内外直角检测尺

6）楔形塞尺

楔形塞尺可以方便、快捷地精确测量缝隙，测量数据正确，精度误差 0.5mm（图 5-7）。

作用：精确检测地面找平和墙面的平整度，为是否可以铺装地板、集成踢脚板，做好安装条件的测定。

7）响鼓锤

响鼓锤轻轻敲铺贴瓷砖墙面，可以判断墙面是否空鼓，是检查墙体品质的重要工具。可以检测瓷砖的空鼓程度及粘合质量，以及水泥砂浆铺贴饱满程度（图 5-8）。

图 5-7　楔形塞尺

图 5-8　响鼓锤

8）钢针小锤

钢针小锤主要用于判断玻璃、陶瓷锦砖、瓷砖的空鼓程度及粘合质量，探查多孔板缝隙、砖缝等砂浆是否饱满（图5-9）。

检测作用：检查力量稍小轻敲。常规在每一面水泥墙面上方选两处、下方选两处进行轻敲。若不进行此项检查，有可能进场时原基层有空鼓隐患。在装修过程中铺贴瓷砖没有问题。但由于基层有空鼓且不牢固，在竣工后使用阶段，也会产生瓷砖脱落和开裂现象。

9）检测镜

检测镜主要用于房屋内高处，如吊顶等肉眼不易直接看到地方的检测。检测作用：检测房屋内上冒头、背面、弯曲面等装修施工质量（图5-10）。

图 5-9　钢针小锤

图 5-10　检测镜

2. 家装工程质检节点

（1）墙面下方踢脚位置平整检测

检测作用：用建筑工程检测尺（2m靠尺）和楔形塞尺检查安装踢脚位置平整度。平整度差使安装踢脚板后与墙面缝隙过大，增加了修补工序的工程量，浪费人力和材料（图5-11）。

（2）地砖铺贴平整、垂直质检节点

1）检查瓦工地砖平整是否符合质量验收标准。

2）用检测尺检验镶贴工、瓦工地砖铺装工艺水平。

检测作用：若平整度超差，砖缝出高低台时，低处易脏、高处易有磨痕（图5-12）。

（3）墙面平整、垂直质检节点

1）检查墙面披挂、打磨工序是否符合验收标准。

2）采用2m检测尺，检查油工施工墙面的平整、垂直工艺水平。

检测作用：对施工墙面平整质量作出评判（图5-13）。

图 5-11          图 5-12

（4）厨房、卫生间墙面瓷砖平整、垂直节点

1）检查厨卫墙面是否符合质量验收标准。

2）采用 2m 检测尺检验（镶贴工、瓦工）厨卫墙砖平整度。

检测作用：对墙面贴砖质量外观作出评判（图 5-14）。

图 5-13          图 5-14

（5）强电插座接线端子接线极性检测节点

1）检查强电插座线路极性连接是否符合技术标准规范。

2）用相位检测器（验电器）检验强电插座线路接线端子，连线极性正确。火线、零线、保护地线接线正确非常重要。接线不正确时会带来极大的安全隐患。接通家用电器时轻者跳闸断电，重者出现电弧火花损坏电器产品，甚至对使用家庭人员造成伤害（图 5-15）。

（6）厨房、卫生间水路改造打压试验验收节点

1）检查水路改造施工打压试验是否符合技术标准规范要求。

2）水路改造保证装修改造后，在正常使用中的水路接口处，没有跑、冒、滴、漏的现象出现（图 5-16）。

图 5-15

图 5-16

# 6 通用工程管理制度

## 6.1 合作协议

甲方：

乙方：

依据国家的相关法规和条例，结合甲方的有关管理条例，甲、乙双方经友好协商，就乙方承接甲方提供的装饰装修工程的相关事宜，达成如下协议：

甲方义务：

甲方负责与业主的前期洽谈及签订合同，并向乙方提供设计图纸和报价；

甲方负责向乙方提供进场施工办理物业手续所需的相关文件；

甲方将针对乙方所承接的每一单项工程与乙方签订施工合同，并按合同约定向乙方支付各期工程款项；

甲方对乙方实行必要的工程管理监控以及提供必要的技术支持。

乙方义务：

乙方必须遵守国家的法律/法规，以及省、市有关管理规定；

乙方必须对所属工人进行法规及安全教育以及必须的岗前培训；

乙方必须遵守当地政府有关建筑装修施工现场的消防管理规定，必须遵守甲方对于现场施工的各项管理规定，如出现相关问题，由乙方承担全部责任；

乙方应负责对其所属人员按国家相关规定提供必要的相关保险，如因此出现问题，由乙方承担全部责任；

乙方必须服从甲方针对工程的各项管理，服从甲方各级工程管理监理的管理与指挥；

乙方必须遵守甲方的有关工程管理的各项制度和管理条例，以及甲方其他运营交付管理的相关规定。

本协议经甲方盖章、乙方盖章或签字之日起生效。本协议签订后，双方均应履行承诺，因违反协议规定内容造成的损失及相关责任由违约方承担。

本协议有效期自　　　年　　月　　日起至　　　年　　月　　日止。合同期满前 20 天，甲方对于可继续合作的施工队将通知续约，施工队在接到甲方续约通知后 20 日内与甲方签订续约合同，过期未办理续约手续的施工队将视同放弃续约权利，双方合作即告终止。

本协议一式两份，甲、乙双方各执一份。具有同等法律效力。

甲方：　　　　　　　　　　　　　乙方：

日期　　　年　　月　　日

## 6.2　工地承包施工合同

甲方：

乙方：

施工地址：

今有甲方委托乙方承担＿＿＿＿＿＿＿＿装修任务，在合作协议的框架下，双方同意共同遵守如下合同条款：

1. 施工周期：自＿＿＿年＿＿＿月＿＿＿日至＿＿＿年＿＿＿月＿＿＿日。

2. 施工合同造价为＿＿＿＿元。

3. 装修施工依据设计图纸

4. 风险基金：＿＿＿＿；扣除基金后实付金额＿＿＿＿。

5. 付款方式：

首期付款：＿＿＿年＿＿＿月＿＿＿日，经甲方对阶段各项验收合格后，支付＿＿＿元；

＿＿＿期付款：＿＿＿年＿＿＿月＿＿＿日，经甲方对阶段各项验收合格后，支付＿＿＿元；

＿＿＿期付款：＿＿＿年＿＿＿月＿＿＿日，经甲方对阶段各项验收合格后，并且客户支付居室装修中期款（含增／减项目，应收／退款）后，支付＿＿＿元；

＿＿＿期付款：整个工程竣工，经甲方验收合格，并且客户验收签字，结清装修尾款后，甲方结清乙方余款，支付人民币＿＿＿元。

6. 双方责任及处理方式

甲方责任：

甲方负责监督工程质量进度，协助乙方沟通客户，收取装修款。并按合同以工程无问题的情况下，支付各项工程款。

乙方责任：

6.1 乙方应执行甲方所规定的各项制度，并遵纪守法。

6.2 乙方负责与客户的联系及配合设计师换算、收取中期款及增减项款。

6.3 乙方应严格按图纸的要求施工，严禁与客户进行口头协议，否则甲方有权对乙方进行处罚。

6.4 乙方未按合同工期交工，甲方有权对乙方每天处以工程总价的2%的罚款，用以补偿业主延期费用。

6.5 若是甲方供的材料，乙方应准确上报材料名称、规格、数量，并在工地现场及时准确查验材料的名称、规格、质量和数量，签字验收，如后期出现问题责任自负。

6.6 乙方员工应该注意施工安全并签订安全责任书，如出现人身伤亡，（无论何地）责任按责任约定乙方自行负责。

6.7 乙方负责施工现场的安全防火工作，如出现违规问题，责任自行负责。

7. 工程验收

工程竣工后，乙方应通知甲方验收。甲方将按工程质量验收规定进行验收，合格后通知客户验收签字付清尾款方为此工程结束，进入保修期。

8. 本合同一式两份，甲方一份，乙方一份作为依据。

甲方签字：　　　　　　　　　　　乙方签字：

日期：　年　月　日　　　　　　　日期：　年　月　日

## 6.3 工程部门管理制度

1. 工程总监

（1）职位概要

公司技术、工程管理与支持，确保工程部门工作正常开展。加强工程施工的标准化、程序化、制度化，符合公司管理要求，以适应公司工程建设的不断发展需要。

（2）工作内容

维护协调本部门与公司内其他相关部门的工作配合，及时解决本部门关于管理方面的问题。

负责落实公司各项规章制度的执行开展。

负责制定本部门相关的各项管理制度并根据实际情况及时进行调整／更新。

负责分管部门的人员培训及施工队的各项培训工作。安排培训教材的编写、施工工艺的编写。

建立、完善、落实工程管理体系、流程体系、合同分包等相关管理办法。

建立、完善、落实内部管理制度激励机制及各项条例的处罚。

在公司财务管理规定的原则下，负责制定工程款及其他款项（尾款）的核算发放管理制度。

负责对本部门人员的考核及激励机制、奖励处罚等工作的执行与监督。

负责对分公司工程负责人激励机制、奖励处罚等工作的建议权。

主持每周工程管理例会一次。检查上周安排工作计划执行和完成情况，布置下周工作内容。

每月5日之前向主管领导，汇报工程部工作小结。

完成上级领导交办的其他工作。

（3）工作岗位

参与公司材料选购工作的开展，以及招商、考察、签约各环节配套审查、工程管理平台支持。

参与管理公司对建筑材料管理，配套供货商管理、配套物流监管。主要是与工程施工相关的部分。

参与设计方案工程报价。

2. 工程部经理

（1）职位概要

协助上级领导完成工程文件、工艺标准编辑、工程系列培训、家装预算报价。组织抽检回访分公司施工工地，并监督工地按质、按期、按量竣工。

（2）工作内容

遵守公司的规章制度，严格要求自己，积极开展工作，能独立编写简单的技术文件、施工工艺、质量管理条例、初级规章制度。

负责公司工程人员和施工队的培训教育、检查、督导工作，按公司工艺规范进行施工。提高管理和施工人员的专业素质，提高施工质量水平。

负责管理公司工程家装报价预算工作，在公司财务核算规定原则下，在公司主管领导指导下，依据设计方案，能独立完成普通家装工程预算报价书。

负责公司正在施工地的工程进度、工程质量状况的监督检查工作（回访、图片、报告），对外阜分公司的工程质量事故，有预警措施。配合职能部门协调家具、电器、集成产品安装质量问题。

进行监督工程管理，使工程按质、按量、按期地完成。

制定公司项目负责人（工长）及质检员的相关管理及处罚条例、奖罚条例，强化施工现场管理，安全文明施工，并对工长和质检员有处罚建议权。

负责落实执行公司现行工程质量验收标准及环保标准，修订企业工艺标准、验收标准并监督实施，负责先进工艺的引进。

强调工地安全防范管理，督促分公司要杜绝一切安全隐患。定期远程抽查。

掌控公司重大投诉情况，关注解决工程的投诉最终结果，及时向上级汇报。落实善后工作进程，维护公司利益。

不定期抽查工地电话回访客户情况（每月不少于10%工地电话回访），监督制度落实，并有针对性地对工地发生问题，进行质检员及施工队的培训。

完成领导交办的其他工作。

3. 工程部助理

（1）职位概要

负责部门内务工作和公司客户回访、建档、制表。

（2）工作内容

负责将工程部各项数据、表单准时向部门领导汇报。

负责工程部相关信息（开工单等）录入工作。

负责工程部内务文件存档、建档、部门内办公行政事务。

负责公司工地回访监控（不少于全体工地数量的15%）。

负责按地区建立施工一览表、预警工地跟踪一览表。

每月配合对公司工程管理工作进行考评工作，每月10日将考评结果上报。

负责收集工程等会议记录，定期及时上报公司主管领导（要求做到3日内完成收集工作）。

完成领导交办的其他工作。

4. 工程监理（质检人员）

（1）职位概要

工程进展，质量监控，维系良好客户关系。

（2）工作内容

严格遵守公司的各项规章制度，认真执行公司规定的检查程序、奖罚制度及验收标准。

落实巡检制度，仪器化检测质量，如做不到位对引发的不良后果负全责。

负责工地的文明施工、消防安全、问题及时处理整改并保证做到工地无事故。

维护公司名誉，重大问题必须及时上报领导处理，严禁隐瞒不报，对因此而引发的事故负主要责任。

与客户有良好的沟通，并做到每个客户至少见两次的基本要求，做好施工与设计、集成、客服的协调工作。

监督项目负责人及工人等相关人员工作进展情况，确保工程保质、保量地完成，并监督各种工程款的收缴情况。

认真填写工程管理部的各种验收表单。

处理简单的投诉，协助上级解决工程事宜。

负责对工长及工人进行相关的现场培训工作。

每周上报样板间，并做好设计部门的支持工作。

积极完成上级领导临时安排的其他任务。

## 6.4　施工队质保金管理制度

（1）施工队的安全教育

1）施工队需进行安全教育（避免因施工造成工伤事故）。

2）施工队需进行消防安全教育（防止火灾发生）。

（2）为了加强施工队的服务意识，根据工程保修要求，对质保金作如下规定：（质保金分为两部分）：

1）押金：施工队进入公司，需交纳风险基金_____万元（风险基金是工程部用于处理重大施工事故的专项基金）和质保金_____万元，共计_____万元。施工队离开公司时，该施工队所承接的最后一个工程在公司保修期满后，给予退还。因施工队发生事故产生赔付或违规违纪等行为被公司除名的，该施工队的风险押金＋质保押金不够赔付经济损失，将不再退还质保金。

2）保修金：采用分期扣除方式，从施工队承接工程款中扣留，按工地工程承包额百分之_____（或按每个工地承包额，分为四等级数量）累积。财务开立各个施工队账户，定期与工队核对金额。

3）施工队保修金达到其所属等级标准后公司将不再扣除。当保修金因施工队的原因被动用，剩余金额不足标准时，将继续从该工队工程尾款中扣除补齐。

（3）具体等级标准如下：

两年累计承接工程达百万元以上的施工队，保修金标准为_____万元；

两年累计承接工程达100万～300万元的施工队，保修金标准为_____万元。

（4）保修金的使用

1）在职的施工队其所在保修期内的工程如需维修，原则上由该施工队自行解决，如不能按公司规定要求履行保修职责或客户拒绝由施工队维修时，公司有权安排维修人员进行维修，所发生的费用在该施工队的保修金内扣除。

2）对于已不在职的施工队其所在保修期内的工程如需维修，将由客服通知该工队维修，如工队不能按规定要求履行保修职责或客户拒绝由工队维修时，公司有权安排其他维修人员进行维修；所发生的费用在该工队的保修金内扣除，保修金不足以支付时，将动用该施工队的风险抵押金。

3）保修金的返还

施工队在离开公司时，须与公司工程管理部及客户服务部办理离职手续，保修金按比例返还，即离职满一年返还质保金总额的40%（如维修金超出应支付的额度时将不予返还），离职满两年支付剩余的 40%。若保修金余额不足施工队离职时账面保修金数额的 60% 时，保修金不予退还。待保修最后一位客户期满后，退还账面所余保修金及风险基金。

以上条款本人清楚明了，同意公司条款。服从公司管理。

工长签字：　　　身份证号：　　　装饰公司名称：

工长电话：
　　　　　年　月　日　　　年　月　日

## 6.5 家装工地现场管理制度

（1）成品保护：施工队进场后首先要使用公司成品保护膜进行成品保护工作，保护范围为入户门、所有外窗、对讲电话、水表、煤气表、暖气、配电箱等一切施工中不涉及且施工后继续使用的设施。

（2）形象宣传：所有对外宣传标识，在允许张贴的小区，必须张贴到位，每户张贴不少于两处。现场工作站，必须保证完好、干净，统一放置在入户门附近的醒目位置。

（3）现场规范

1）施工人员穿整洁统一公司工服上岗。宣传性标识，必须张贴到位。

2）操作台为统一形象及规格，工具箱为每个工地 2 个，按规定将标识张贴。

3）灭火器必须保持干净，放置醒目位置，上方墙面贴灭火器标识。

4）确定施工水平线，并在醒目位置贴施工水平线标识。

（4）文明施工，严禁野蛮施工和装卸，遵守国家工作作息时间，不扰民。夏天严禁赤膊干活，在工地现场洗浴、洗衣物。上班不允许喝酒。

（5）材料码放：材料应分类整齐码放，并张贴材料码放处标识。

（6）现场卫生：保持清洁，垃圾应装袋，放在不明显处，并张贴垃圾堆放处标识。临时卫生洁具，并保证清洁。老房垃圾应及时外运。

（7）工地现场不得允许与工作无关人员进入。严禁现场做饭，有明火。

（8）在室内外，进行电气焊作业，在施工前，须向工程部报备。并通知该工地监理，巡查安全防火措施。查看环境是否达到焊接防火要求。焊工、电工应有国家考核颁发特殊各种证书（持证上岗）。

（9）装修工种的工人与家居产品（橱柜、门等）安装工人等相关人员，应相互配合。严禁因推脱工作责任发生争执、动粗口、不文明的行为。若出现影响社会治安的行为，属于刑事案件发生，公司将严肃处理有关人员。

（10）工地现场每天收工前，必须进行整理，检查安全防火，断水断电。

## 6.6  工程监理工作奖惩制度

（1）监理（质检员）必须配备完整的检测工具，验收时必须携带，违反者每次罚款200元。熟练掌握《公共建筑装饰工程质量验收标准》，并以此为质量检查的准绳，公平公正地开展工作，维护公司形象。

（2）准时参加交底，注意重要环节，如图纸与报价是否齐全、水电防水等预收费用是否合理、是否有较大的增减项，若有，需详细记录须上报工程管理部。交代工长注意事项，合理安排工期进度，如有特殊原因不能参加交底，必须向工程部说明原因，并打电话通知客户交代自己的工作职责，约好下次见面时间等。无故不参加交底将处以200元罚款。

（3）材料进场及隐蔽工程须到现场验收，并填写记录，如客户不能到现场，须在现场打电话告知。

（4）中期验收必须参加，并与客户见面，携带检测工具验收，并仔细核对中期的增减有无出入，如果增减项数额审核不准确的，一经核实，将扣除此工程的提成。监督落实客户交纳款项的时间、方式等。如所做工程项目已经过半，客户无故不交纳中期款，必须及时上报工程管理部处理。工期方面，如需要延期，应配合项目负责人与客户签订书面的延期手续。

（5）施工现场方面要按规定执行，如监督执行不到位，应相应进行处罚。每次去工地必须督促培训各工种应注意的事项，如果公司抽查或客户投诉有违规现象，在处罚工长的同时，同样处罚质检。如有重大质量方面的投诉，视情况罚款500～1000元，直至停职。

（6）尾期验收必须到现场，与客户见面，办理尾期事宜。

（7）工程出现任何问题，均不得推诿，应积极妥善协调处理。

（8）工程结束后，让客户基本满意。处理问题要不卑不亢，有理有据，维护公司及客户的利益。认真填写每份表格并对其负责。

（9）工作中出现重大失误，给公司造成一定的负面影响，造成公司一定经济损失，视情况严重程度进行处理。直至公司劝退、除名。

## 6.7  项目监理规范职责制度

（1）材料进场后须保留材料单据，并做验收。如发现施工进场材料有问题，及时反映到主管部门，向工程部备案。有问题不反映不解决，造成工地延期、质量问题，对工长处罚最低500元起。

（2）水电及隐蔽工程验收必须提前两天通知监理，验收后做好保护并将水电图交于项目经理存档。水电路应按最经济实惠线路走,如因绕行等发生不良后果,造成增加费用,引起客户投诉,视情节另处 500 ~ 1000 元罚款。

（3）木工施工必须弹划水平线,卫生间及厨房的门套必须做防腐处理,严格按工艺及图纸施工。如因设计方面有问题,应及时与设计师沟通。未按图施工或未做相应技术处理,整改后处 500 ~ 800 元罚款。

（4）防水工程须按公司规定施工,地面找平必须弹划水平标线,表面做压光处理,适量洒水保养,做到平整不起沙,如有不合格返工现象,将处以 200 元罚款。

（5）所有施工项目基本完成后,应通知项目经理进行初验,工序验收必须有负责人在场,记录不合格部分,并及时进行整改。

（6）项目负责人基本上每 2 天去施工现场一次,并在工作站上签字。如出现代签现象,将处以 500 元罚款。工地有投诉,项目负责人必须到现场解决,如无故推诿,将处以 500 元罚款。

（7）延期的工程必须有延期单,并交工程管理部存档。对未办理延期手续的工地而引起的赔付,由项目负责人负全责。

（8）由于现场管理失职,造成重大质量事故,产生较大负面影响,由公司主管部门善后解决,对项目负责人处以 2000 元以上的罚款,严重的做组织处理。

（9）违反公司有关增减项目管理规定,私下与客户商定增项或私收款项,经核实情况属实,除补齐私收款项外,另处以 2000 ~ 3000 元罚款,直至停工检查。

（10）私下联系设计人员,假冒客户名义,点选施工队,以退单为借口,严重扰乱公司正常工地安排,处以 3000 元罚款,并处停工一个月以下的处罚。

（11）客户服务相关规定

1）维修工作中,客服通知工长两次以上,工长借故客观原因,拖拉、滞后去客户家进行维修,损害公司与客户之间良好关系,客服可直接处以 200 ~ 500 元罚款。

2）在施工中,同一工地、同一性质问题,引起客户二次电话投诉,经核实,确属施工队问题,不听从客服管理告诫者,处以 200 ~ 500 元罚款。

（12）其他管理规定

1）施工中,确因工程质量、主材安装问题、集成产品安装问题,欺上瞒下,有意激化矛盾,造成客户亲自投诉到公司,要求领导解决,并干扰部门相关领导正常工作秩序的,对责任者处以 500 ~ 2000 元罚款。

2）对不服从领导管理,不听从批评教育者,在现场验收、执行工艺规范、工地标志、标识、工作站等多项违规者,将处以 500 ~ 1000 元追加罚款。

3）文明施工管理,视问题大小、影响严重情况进行罚款处理。

（13）工程部各类罚款,在财务单立账目,作为工程奖励基金。对在施工中对公司创造产值业绩,有贡献的施工队,进行每季度、年底的奖励,专款专用。

## 6.8  安全知识和安全施工管理制度

1.安全生产及劳动保护工作的基本内容

安全生产及劳动保护工作的主要内容是安全技术、劳动卫生、劳动法规。

安全技术渗透在生产、建设领域的各个环节。主要是生产、建设施工的工艺安全技术、操作安全技术、机电设备的安全技术、易燃易爆的安全技术等。

劳动卫生技术包括工业卫生、有害物质治理技术及环境保护技术等。劳动法规是由国家颁发的各项劳动保护法令、政策、法规。

2.工人在职业安全方面的义务

施工人员在劳动安全方面的义务是：自觉执行劳动安全卫生规章；遵守劳动纪律和职业道德；严格遵守各项安全操作规程等。

3.日常安全知识

（1）防火常识

火灾通常是指违背人们的意志，在时间和空间上失去控制的燃烧所造成的灾害。

火灾按照可燃物类别，一般分为五类：1）可燃气体火灾；2）可燃液体火灾；3）固体可燃物火灾；4）电气火灾；5）金属火灾。

火灾在装修中时有发生。引起火灾的直接原因很多，但无论哪一方面原因，几乎都同人们的思想麻痹息息相关。

（2）火灾与物质燃烧有必然的联系

物质燃烧需要具备以下三个条件：

1）可燃物：有气体、液体和固体三种状态，如煤气、油、木材塑料等。

2）助燃物：泛指空气、氧气以及氧化剂。

3）着火源：如电点火源、高温点火源、冲击点火源和化学点火源等。

以上三个条件，必须同时具备，并相互结合、相互作用燃烧才能发生。

（3）装修常见火灾发生的火源

1）施工现场明火附近有可燃物；

2）施工现场电气焊使用不当，有可燃物；

3）现场电气焊施工时，有其他各种作业；

4）电路发生漏电火花，无人管理；

5）施工现场有违纪人员吸烟；

6）电气设备安装使用不当；

7）机器摩擦发热，油路自燃；

8）油工使用油漆挥发浓度过大，遇见火花（电火花、点烟火花）爆炸着火；

9）违反操作规程，将可相互产生化学反应放热作用的物品混放在一起。

（4）做好防火工作的主要措施

1）建立健全防火制度和组织；工长兼职安全员。

2）加强宣传教育与技术培训。

3）加强防火检查，消除不安全因素；认真落实防火责任制度；配备好适用、足够的灭火器材。

4）火灾发生后要尽快报警。

报警时，首先拨打火警电话119，向接警人讲清下列几项内容：讲清街路门牌号、单位、着火的部位；讲清什么物品着火；讲清火势大小；讲清报警用的电话号码和报警人的姓名。

4.用电常识

安全用电，按照安全工作规程做好安全防护工作；消除导致事故的隐患。做好这些工作是实现安全用电的保证。

（1）安全电压

1）为确保人身安全，使用低电压为电气设备的工作电压。

2）使用安全电压的设备和器材，不能应用不安全的电路和临时线路。

（2）临时电的使用规范

1）施工现场用电不允许直接接入总电箱，要配备临时的移动电闸箱。

2）进入电闸箱的电源线，严禁用插销连接。

3）电闸箱内部排列整齐规范，用一设备一开关的连接法进行连接控制。

（3）施工现场临时用电的电线

1）符合国标的绝缘护套铜芯线进行连接。

2）符合国标的铜芯线连接时必须使用绝缘电线管。

3）临时用电必须由专业的电工进行连接操作，不允许工人私自连接。

（4）电动工具的用电事项

1）电动工具连接电源时必须使用插头连接电源。

2）不得使用有缺陷的电动工具。

3）及时保养维修电动工具，保证正常的使用。

5.安全施工注意事项

安全施工是指在劳动过程中，通过努力改善劳动条件，克服不安全因素，防止人身事故和设备事故的发生，保障劳动者的安全健康和国家财产安全。

（1）施工中易造成事故的不安全行为

操作技术不熟练、操作错误，忽视安全，忽视警告（电锯伤人事故）。

造成安全装置失灵，使用不安全设备（电锤伤人事故），手代替工具操作。

冒险进入危险场所（电焊烫伤、工具脱落）。攀、坐不安全位置（外窗处施工）。

在必须使用个人防护用品、用具的工作场合中忽视其作用。

（2）进入施工现场应遵守的安全规程

进入施工现场要服从领导和安全检查人员的指挥。

坚守岗位，不串岗，生产作业思想要集中。工作前要保证充足的睡眠，严禁酒后作业。

进入施工现场要按规定穿戴好防护用品、用具。在电焊时必须戴好安全帽。阳台外、窗户外高空作业要必须系好安全带。有人保护作业。

不得在禁止烟火的地方吸烟动火，例如：库房、施工现场等。

要严格按操作规程操作，不得违章作业，对违章作业的指令有权拒绝，有权制止他人违章作业。

（3）室内高空作业的注意事项（高处作业：指人员距地 1.8m 以上）

1）室内高空作业的基础设施要完善、稳固（如梯子、脚手架等）。

2）室内高空作业时要安排安全辅助人员，作为高空作业安全保障。

3）作业人员要保持头脑清醒，精神集中，严禁戏闹作业。

（4）室内顶部悬挂灯具等重物注意事项

1）根据悬挂物的重量对顶面进行相应加固处理或做单独的悬挂系统。

2）安装悬挂物时要保证它的稳固性以免发生事故。

（5）特殊各种作业（电气焊、钢结构操作）注意事项

1）前期必须上报工程部和通知监理，批准后方可施工。

2）操作人员必须持证上岗。确认掌握条例内容人员（项目经理、经理）。

# 6.9  工装消防安全管理协议书

协议书

甲方：

乙方：

为加强本工程施工现场消防管理，确保安全生产，保障施工顺利进行，杜绝火灾事故及各类人身伤亡事故，特制订本协议。

第一条：双方共同责任

1. 甲、乙双方均应遵守、执行公安部、北京市消防局及公司有关消防安全的规定。

2. 甲、乙双方的消防安全工作要坚持以确保安全生产为中心，认真贯彻落实"预防为主、防消结合"的消防工作方针和"谁主管，谁负责"的逐级防火责任制。提高消防安全管理水平和消防安全施工水平，杜绝火灾事故。

第二条：甲方责任

1. 甲方贯彻执行国家、北京市有关消防安全的各项政策、法规、规程、标准

和要求，并对乙方行使施工管理职能，全面负责施工现场的管理，按照国家、北京市及合同等有关规定执行，不得违章指挥。

2. 甲方督促乙方做好消防安全工作，随时检查巡视现场，对发现存在消防安全隐患的，下发整改通知书，监督乙方按"三定"措施进行整改，确保落实。

3. 甲方根据要求行使安全管理职能时，有权对乙方违章作业行为进行罚款、甚至停工。如乙方不按期整改或交纳罚款，甲方有权加倍罚款，并从工程款中扣除。

第三条：乙方责任

1. 乙方必须遵守甲方有关消防管理的规定，全面负责本单位所有消防设施和施工防火的管理工作。

2. 乙方应严格按照有关规定对自有全部管理人员、施工人员进行消防安全管理。对不遵守有关条例、不服从管理的乙方人员，甲方有权将其清退出场。

3. 乙方必须建立消防组织，实施全员安全教育，建立义务消防队，实行逐级防火责任制；必须确定一名施工现场负责人为消防负责人，全面负责现场消防安全工作。

4. 乙方积极配合甲方对消防资料进行整理。

5. 负责对施工现场消防设施、器材的维护工作，确保齐全有效。非火情严禁动用消防器材。

6. 乙方因施工需要搭设的临时建筑，必须得到甲方消防主管部门审批，并符合防火要求，不得使用易燃材料。

7. 乙方使用电器设备和化学危险品，必须报甲方消防主管部门审批备案。符合技术规范和操作规程，严格防火措施，禁止违章作业，确保安全。施工作业用火必须经甲方消防主管部门审批，领取用火证方可作业。用火证只在指定地点和限定时间内有效。

8. 乙方施工材料存放、保管，应符合防火安全要求，易燃材料必须专库储存；化学危险品和压缩可燃气体容器等，应按其性质设置专用库房分类存放，其库房的耐火等级和防火要求符合公安部制定的《仓库防火安全管理规定》，食用后的废弃物料应及时消除。工地内不准存放易燃、易爆化学危险品和易燃可燃材料。

9. 乙方冬期施工使用电热器，须有技术部门提供的安全使用技术资料，并经现场甲方消防主管部门同意。保温材料不得采用可燃材料。

10. 乙方施工中使用化学易燃物品时，应限额领料。禁止交叉作业；禁止在作业场所分装、调料。

11. 施工现场严禁吸烟。乙方未经甲方消防部门批准，不得在施工现场内设宿舍。工程内严禁住人。生活区严禁使用电热毯、电炉、热得快，未经甲方消防主管部门批准，不允许使用煤炉、电暖器。

12. 乙方应按要求设置消防车道，配备相应的消防器材和安排足够的消防水源。

施工现场的消防器材和设施不得埋压、圈占或挪作他用。冬期施工必须对消防设备采取防冻保温措施。明火作业前必须到工地主管部门开具用火证，否则不予施工。

13. 乙方安装电器设备，进行电、气焊作业时，必须由合格的焊工、电工等持有效岗位证书的专业技术人员操作。

14. 乙方进行电、气焊作业前应检查所使用设备、工具、劳保用品等完好可靠性，发现问题及时解决。操作前应认真检查动火地点情况，如不具备动火条件，应停止动火作业，经清理符合要求后方可动火。

15. 电、气焊作业时，要派专人看火，看火人要认真负责并备有效灭火器材，看火人不得离开动火地点。进行气割作业时，氧、乙炔瓶之间的距离应大于5m，两瓶距动火点不小于10m。操作前要检查线路有无破损，接地零是否良好，双线是否到位，操作人员要穿绝缘鞋、戴绝缘手套，确保有效。

16. 乙方施工人员电气焊操作时，应采取挡风板和接火盆，6级以上大风时应立即停止露天作业。电气焊不得同油漆工、木工等操作人员同部位、同时间水平、上下交叉作业。动火点下方有空洞时，应采取严密防范措施，清除空洞下方易燃、可燃物，空洞下方应有专人看火，以防火灾发生。

17. 电气焊作业结束后，与看火人及时清理现场，扑灭火种、切断电源、确认无隐患后方可离开操作地。

18. 甲方定期或不定期对消防安全检查出现的问题，乙方必须及时整改，否则甲方有权按照有关规定采取相应措施，必要时对责任者进行经济处罚。对违章情节严重者，送交消防、司法部门追究其责任。

19. 乙方不按协议规定要求进行施工，造成的火灾事故及人员伤亡，一切责任和经济损失由乙方负责。甲方将对乙方进行处罚。

20. 乙方必须遵守甲方其他的关于消防安全的制度或规定。

第四条：本协议自签订之日起生效，自乙方交工退场之日起失效。

甲方（签章）：　　　　　乙方（签章）：

签订日期：　　年　　月　　日

# 6.10　工装临电安全管理协议书

甲方：

乙方：

第一条：协议自签订之日起生效，截止到乙方交工退场之日失效。

第二条：甲方责任

1. 甲方贯彻执行国家、北京市有关临时用电的各项政策、法规、标准和要求。

2.甲方对乙方行使施工管理职能，全权负责施工现场的管理，执行国家、北京市及合同等有关规定执行，不得违章指挥。

3.甲方应在乙方进场前与乙方签订本协议。

4.甲方负责提供至二级配电箱，二级以下用电安全由乙方负责。

5.检查中发现的临时用电违法违章行为、事故隐患，当场责令立即排除，重大事故隐患排除前或者排除过程中无法保证安全的，应当责令从危险区域内撤出作业人员暂时停工或者停止使用，重大事故隐患排除后经审查同意，方可恢复生产经营和使用。

6.甲方根据要求行使安全管理职能时，有权对乙方违章作业行为进行罚款、甚至停工。如乙方不按期整改或交纳罚款,甲方有权加倍罚款,并从工程款中扣除。

第三条：乙方责任

1.乙方必须遵守甲方有关现场管理的规定，全面负责本单位所有的用电设施和日常施工用电的工作。

2.乙方必须安排专业电工负责施工现场临时用电工作,填写《电工值班记录》。

3.各工种使用的机器、手持电动工具如有异常,必须及时修理,不得带病运转。

4.乙方各类配电箱和电气设备必须确定检修和维修人员。电气安装维修时必须切断电源,悬挂警示标牌,最少两人进行电气操作,填写《电工巡检维修记录》。

5.乙方负责提供施工中一切临电安全设施和特殊工种的安全防护用品。

6.电工、焊工必须有主管部门签发的特种作业操作证，并持证上岗。电工上岗时必须按要求穿绝缘鞋、戴绝缘手套等个人防护用品,确保有效,严禁酒后作业,作业中不准穿拖鞋、凉鞋。

7.乙方应及时将电工、焊工人员名单和上岗证复印件上报甲方备案（复印件加盖乙方单位红章）。

8.乙方临电安装维修人员，必须熟悉用电操作规程，要不断提高安全用电技术水平，提高自我保护能力，工作时要精神集中，不可冒险蛮干；确保在施工中不发生事故,严禁酒后上岗。

9.乙方人员作业时，各道工序都必须符合规程要求。

10.临时用电配电线路必须按照规范架设整齐，架空线路必须采用绝缘导线，不得采用橡胶软线；电缆线路必须按规定沿附着物敷设或采用埋地敷设，埋地敷设要求深度不小于60cm，电缆线上下各10cm细砂，上面铺砖。

11.施工现场临时用电设施和器材必须使用正规厂家的合格产品，严禁使用假冒伪劣等不合格产品，各级配电箱、开关箱的箱体安装和内部设置必须符合有关规定，箱内电器必须可靠完好，其选型、定制要符合规定，满足实际需要，开关电器应表明用途（所控器具），并在电箱正面门内绘有接线图。

12.各电箱及用电机具必须有防雨、防砸、防晒、防冻等保护措施。

13. 电工楼层作业时经常使用电焊机。电焊机在使用时必须符合操作规程。使用前先检查安全防护装置是否齐全可靠，确认在正常的情况下开始作业。一次线、二次线，应满足长度要求，不准借助任何金属作为回路地线，线应保持完好。

14. 每台用电设备必须实行"一机一闸一漏一箱"的规定，严禁统一开关箱直接控制两台以上（含两台）用电设备（含插座）。

15. 在采用接零或接地保护方式的同时，必须逐级设置漏电保护装置，实行分级保护，形成完整的保护系统，漏电保护装置必须符合规定，确保有效。

16. 现场金属架构物（照明灯架，垂直提升装置，超高脚手架）和各种高大设施必须按规定装设避雷装置。

17. 手持电动工具的使用，依据国家标准有关规定采用 2 类、3 类绝缘型的手持电动工具，工具的绝缘状态、电源线、插头和插座应完好无损，电源线不得任意接长或调换，维修和检查应由专业人员负责。

18. 一般场所采用 220V 电源照明的必须按规定布线和装设照明灯具，高度不低于 2.4m，室外照明应采取防水式灯具，高度不低于 3.0m，并在电源一侧加装漏电保护器。特殊场所必须按国家标准规定使用安全电压照明。

19. 施工现场的办公区和生活区应根据用途按规定安装照明灯具和使用用电器具。现场凡有人员经过和施工活动的场所，必须提供足够照明。

20. 使用行灯和低压照明灯具，其电源电压不应超过 36V，行灯灯体与手柄应坚固，绝缘良好，电源线应使用橡套电源线，不得使用塑胶线。行灯和低压灯的变压器应装设在电箱内，符合户外电器安装要求。

21. 现场使用移动式碘钨灯照明，必须采用密闭式防雨灯具。碘钨灯的金属灯具和金属支架应做良好接零保护，金属架杆手持部位采取绝缘措施。电源线使用护套电缆线，电源侧装设漏电保护器高度不得低于 2.4m。

22. 使用电焊机应单独设开关，电焊机外壳应做接零式接地保护。一次线长度应小于 5m，二次线长度应小于 30m。电焊机两侧接线应压接牢固，并安装可靠防护罩。电焊把线应双线到位，不得用金属管道、金属脚手架，轨道及结构钢筋做回路地线。焊把线应使用专用橡套多股软铜电缆线，线路应绝缘良好，无破损、裸露。电焊机装设应采取防埋、防浸、防雨、防砸等措施。交流电焊机要装设专用防触电保护装置。

23. 夏天注意雨后对各类电器设备的检查，发现配电箱内的漏电保护失灵、损坏的，应及时更换。食堂人员、职工宿舍也应随时检查，有不符合安全使用要求现象的一律予以纠正。

24. 乙方电工如果在施工中未能遵守各项管理制度，出现安全隐患等情况责任由乙方承担。甲方有权对其进行处罚或部分停工处理。

25. 乙方必须遵守甲方的其他相关安全制度或规定。

甲方（签字）：　　　　　乙方（签字）：

签订日期：　　年　　月　　日

## 6.11　施工合同编制与签订

1. 施工合同使用、编制基本规定

（1）装修公司在与甲方签署施工合同时，凡有国家行政管理部门（工商局监制）印刷的专业规范建筑装修施工合同，应优先采用。

（2）按照国家合同法等相关法律为依据，企业自行编制的装修施工合同，必须经法务专业人员进行审查。施工合同中编制的条款和内容，应严谨、简练、标准。意思表达清楚，不模棱两可，令人产生歧义理解。

（3）合同中的专业词汇、名词术语、重要概念应进行定义解释。

2. 签订施工合同注意事项

（1）施工合同甲乙双方的法定名称、地址、邮政编码、联系电话及法定代表人姓名、职务和代理人姓名、职务、联系方式需填写清楚工整。签字栏签字人必须用正楷书写。不得用别名和外文名字。

（2）施工合同中的金额需书写数字，必须同时标示人民币大写金额。

（3）施工合同必须包含以下常规项目内容：

1）工程地址、工期、工程质量执行验收标准；

2）工程价款、支付分期方式；

3）争议解决方式、违约责任、变更或解除条件；

4）依据法律或合同性质必须具备的条款或双方当事人共同认为必须明确的条款，以及补充协议、装修材料明细单、保修单等；

5）生效时间和条件；

6）约定的联系方式；

7）签约双方的开户银行和账号、签约各方公章或合同专用章、法定代表人或代理人签章；

8）双方当时人协商一致的修改或增项、补充合同的文本、电传等是施工合同组成部分。

3. 施工合同的审核管理

（1）设计图纸、预算报价、施工合同、其他合同附件。如每次销售活动优化细则等，由设计部经理进行初步审核。涉及专业工程技术参数，符合安全要求的结构改造项目，由工程部或工程审核组进行审核。

（2）无泄露本公司商业秘密及其他利益行为。

（3）价款、工程管理取费的确定正确合理、合法，资金结算、酬金支付方式明确、具体、合法。相关内容合法，签约各方意思表示真实、有效，法规、政策及计划，无规避法律行为，无有失公平内容。

（4）补充合同内容、条款齐备、完整。文字明确、逻辑清楚，不使用模糊、不易理解的词句。合同内容签订形式，一律采用书面形式。

（5）凡有国家或行业装修技术标准，应当优先在合同中采用。

4. 装修合同文件保存管理

（1）同甲方（客户）签订的装饰装修施工合同，合同当事人签订后，交公司专门部门统一立档保存保管。办理相应交付手续。

（2）合同的借阅：履行合同的相关公司人员需借阅合同者，在合同保管处统一登记，方可借阅。

（3）凡与施工合同执行无关，因工作需要借阅、查询者，除在具体保管合同的部门履行签字手续外，还须出具书面借条，写明借阅原因、借阅期限，经主管部门负责人批准。

## 6.12　家装技术交底要点

1. 交底的重要性

开工技术交底是装修工程施工顺利开展的前提保障，也是相关工程施工人员深入理解工程施工项目的关键，在现场充分了解设计意图，勘察实际装修现场施工面的情况，明确拆除项目的复杂程度，确定改造项目是否符合安全技术规范，并与设计师进行工作讨论，使施工人员掌握理解施工图纸和施工项目。同时，对甲方（客户）在整个装修工程中配套、甲供主材、配合工作，有一个前期沟通和初步的时间约定。为保证顺利施工，打下坚实的基础。因此，在家装中为避免发生客诉，规范家装正规化、标准化、掌握交底要点是十分必要的。

2. 技术交底有关文件

（1）技术交底资料组成和移交（根据实际各个公司的实际情况，为便于档案保管，清点各个文件份数，保证不少、不丢失，交接清楚便利，可制定合同说明表）；

（2）全套设计施工图纸、编制说明（交底时必须将全部图纸出齐）；

（3）合同补充文件（优惠协议、辅材清单）；

（4）工程预算书；

（5）甲、乙方供应材料明细表等。

3. 技术交底的具体程序

（1）参加技术交底人员规定必须到场，有甲方（客户）、家装设计师、项目经理（工长）、监理（质检员）等相关人员。大型工装或别墅装修工程交底时，工程部、主材部应派与别墅装修、改造相关的工程人员参加。

（2）交底安排时间程序规定

1）从设计师将合同和全部工程资料交工程部签收的时间或收到合同说明表时间开始计算，原则上72小时安排好技术交底时间，特殊情况（须在合同说明表中解释清楚）不低于48小时后安排技术交底时间。

2）设计师在报告合同和图纸资料时，在合同说明表备注栏写明通知工程部交底派工单和工长约定预先会面碰头的具体开工地点等情况。

（3）交底事项

技术交底原则上由设计师组织和主持，在交底的过程中，设计师必须交代清楚的具体事项：

1）明确讲出设计意图和施工重点部位的要求。

2）明确讲出色彩、设计风格要求和装饰效果要求。

3）明确讲出对具体材料的使用要求，包括对甲供材料的要求。

4）工长、监理必须对设计图不理解不明确的情况向设计师询问。

5）工长、监理须审核工程图纸和预算，对有疑问之处及时与设计师进行交流。

6）设计师、工长、监理及客户必须认真填写"现场技术交底记录表"。

7）工长与甲方（客户）进行沟通、交流（包括联系方式）向客户说明并介绍公司在施工管理、质检、交款、服务等方面的规定，征询客户意见，了解客户需求，协助客户到物业部门办理好开工前的必备手续，设计师与客户约定好检查材料的时间或下次见面的时间地点。

8）工长、监理必须询问、确认水电的改造项目及增减项目。

9）以图纸、预算为依据，结合施工现场情况，检查设计人员的交底是否翔实、准确及相关技术处理是否正确，对有误之处予以更正。

4. 在交底前应准备的工具及物品

（1）常规会用到：水平尺一把、红外测量仪一台、红外线水平仪一台、盒尺一把、签字笔一支、钢笔一支、客户服务手册一本、水电确认单一份、弹线墨斗一个、掉线锥一个、试电笔一支、插座电源检查器一个，以及相应工具等。

（2）施工现场填好技术交底单（施工手册包含的相关内容）。

5. 交底时检查项目和注意事项

（1）在二手房的预算报价中，没收找平费用时，应对墙顶面进行全面检查，超出5mm建议做找平，5mm以内不许再提找平费用。须找平时和设计师及客户合理解释并做增项手续，不做应写书面文字。

（2）在检查墙面若报价没有贴布处理费用时（承重墙不许向甲方客户提出贴布费用），砂灰墙、轻体墙可以做贴布处理并合理解释后和设计师及客户做增项手续，不做应写书面文字。

（3）原客户的门、窗、开关、插座、面板、灶具、水表、煤气表、地漏、散热器、管道等原有的设施进行严格的检查，对存在问题的东西需要客户有书面文字的记录。

（4）墙面、地面开槽前确定建筑结构是现浇还是预制楼板，是预制楼板的不允许地面开槽。

（5）原住宅地面有地采暖设施的禁止地面用电钻打孔。

6. 水电交底注意事项

（1）电路方面：有细致的电路施工图，按施工图进行。没有收家装设计费的项目，可以在现场根据设计师及甲方（客户）的要求先对开关、插座、灯具位置进行确认；确认后由项目经理（工长）对管路的走向，用墨斗进行弹线，并画出电路草图，弹完线后进行测量。

（2）测量完数量后把数量填到水电确认表中，请相关人员进行签字，并告诉甲方（客户）最终按实际发生量计算。

（3）当甲方（客户）提出优惠等相关诉求。设计师和项目经理（工长）把水电打折情况必须详细解释清楚，并需符合公司相关规定和优惠条例。

（4）给水排水路：有施工图纸，按图施工。没有收取家装设计费的项目，根据设计师及甲方的要求先对水槽、淋浴、地漏、上水管末端等位置进行确认；确认后由工长对线路走向用墨斗进行弹线，并画出电路草图，弹完线后进行测量。

（5）相关人员共同测量完数量后，把数据填写到水电确认表中，由相关人员及甲方签字，并告诉最终按实际发生量计算等相关事宜。

7. 施工资料归档

技术交底结束后，所有相关参加装修技术交底人员，在施工手册上均已签字，并记录关于装修待定、待商议的事项。在确定的时间内，由责任者完成，通知参加交底的人员。重要事宜，按管理系统向上级汇报或报备。由项目经理（工长）将现场交底文件资料交回装修公司工程部登记保存归档。

# 7 家装质检技能与质量缺陷解析

## 7.1 家装质检（职级）技能标准

1. 质检员任职标准和专业技能

（1）中专建筑专业、大专工科以上学历，工民建等相关专业。

（2）一年以上工程项目管理经验，熟悉家装工艺及施工流程。

（3）沟通、协调能力强，有较强的服务意识。

（4）责任心强，能吃苦，负责对现场工人宣传质量教育，提高装饰的质量意识。

（5）了解施工工地的进度、质量、材料、安全等，负责对施工质量进行监督检查。

（6）负责管理工地，与客户沟通，负责原材料、半成品的检验。

（7）协助管理施工进度，负责施工流程各个重要节点的检验。

（8）能处理简单客诉问题，回答客户基础施工工艺和工法知识简单咨询。

（9）熟悉掌握工程质量验收表格、国家标准、国家行业标准，有一定的现场管理和协调能力。

2. 中一级质检技能

（1）全面掌握施工工地的进度、质量、材料、安全等，并进行监督检查。

（2）可以全程管理工地，与客户沟通，负责原材料、半成品的检验。

（3）对施工进度、流程各个重要节点的检验、监控。

（4）能处理客诉问题，回答客户基础施工工艺和工法的咨询。

（5）熟悉掌握互联网家装公司所用验收表格、国家行业标准，同时有现场协调能力。

（6）能独立处理复杂因施工质量问题引起的客诉。

（7）可以起草各类工程质量协议（在保证业主、施工队基本认可的情况下）。

3. 中二级质检技能

（1）全程管理工地，与客户有良好沟通，提前发现质量隐患，并提出整改措施。

（2）对施工进度、流程、节点可以进行施工组织设计。

（3）能处理客诉问题，回答客户家装施工工艺和特殊工法的咨询。

（4）熟悉掌握家装公司验收管理制度和检查巡检体系，对国家标准、国家行业标准、省市地方标准有一定的了解。

（5）可承担主管的质量管理工作，可以外派承担开展新城市监理工作。

（6）可协调运营、监管施工队按时完成装修项目。

（7）可以开展对装修公司工长的一般性培训，宣贯质检的管理流程。解释清楚检查、验收单中的标准要求。

4. 高一级质检技能

（1）全面掌握工程管理知识和技能，有文字编写能力，能协助领导做好计划、方案工作。

（2）能优化现有的科技文件，对协作部门的工作内容，能从工程专业上起到帮助。

（3）有部门负责人管理经验和方法。能独立开发监理培训课件。

（4）对装饰装修行业新技术、新材料可以做到独立开展推广、提升公司的整体技术水平。

（5）可独立对新入职监理，进行工作流程培训、考核。带领员工完成上级交给的管理课题。

（6）对装饰装修水、电、木、瓦、油工种技术规程有全面基本的掌握。

（7）掌握家装主材基本专业知识，熟悉主材定制类产品测量、复尺、安装流程，对装修施工队，可以指导配合主材定制安装的配合工作。

5. 高二级质检技能

（1）有较强工程综合管理能力、较强的系统工程专业知识。

（2）能胜任全部工程培训工作，对装修公司在工程技术上能起到指导作用。

（3）协助公司高管全面负责工程技术工作，有丰富的交付管理经验。

（4）对分公司的发展，能提出工程技术方面的重大执行方案。

（5）可代替区域负责人承担区域管理职责，不断修改制定质检管理制度。

（6）有较强的装饰装修施工、主材、质量知识，能编辑装修行业内有一定领先的工程技术文件。

（7）能承担工装、别墅的全程质检项目。

（8）对别墅设备、大型产品安装，掌握监管流程，如新风系统、中央空调系统、地采暖设备、安防系统等。

（9）能指导装修施工队，配合设备、大型产品的测量、复尺、安装工作。

## 7.2　家装监理质检职责

1. 质检员工地职责

（1）熟悉本人负责的所有工地的施工情况，并做详细的质检记录。

（2）认真做好每个工地检查验收图片的上传 APP，保持与客户的联系，热情征求客户意见，协助施工队与客户建立友好合作关系。

（3）监督工长遵守所在小区物业管理公司的相关规定。

（4）监督工长遵守本公司各项管理规章制度及通知通告等。

（5）指导工长正确使用工具，严格按照正确的操作规程施工。

（6）监督工长合理合法的工作，严禁做出有损公司或客户的事情。

（7）做好各种公司配送的施工材料的验收工作，对不合格材料要求退场并上报；确保施工队施工质量符合公司各项工程质量标准。

2. 负责检查验收要点

（1）真诚热心地接待客户，随时关注专属工地内微信群动态，对客户提出关于施工情况的疑虑和困扰，尽快予以解决。

（2）交工前严格把握工艺质量关，在验收工地时，必须坚持原则，严格按规定标准认真逐项进行验收，并在微信群进行工地现场验收情况播报。

（3）监理对地瓷砖铺贴、油漆、墙顶涂饰等项目，需用相应的检测工具、设备对验收项目按标准认真地逐项进行验收，不准漏检项目。

（4）监理必须对电气施工项目、给水排水管道施工项目、文明施工项目等，需用相应的检测工具、设备。对验收项目，按标准认真地逐项进行验收。

（5）对客户反映在施工过程中发生的问题做好记录，对客户反映的施工质量、设计效果、材料质量、服务态度等方面意见和建议，应及时反馈给各主管部门。

（6）客户第一、简单可信、激情进取、主动协作、快速有效，用心地对待每一位客户，保证客户得到公司满意的服务和质量。

（7）做好领导临时交办的其他工作。

3. 质检工作操作程序要点

（1）开工前准备

1）开工前，设计师预约工长、业主，确定交底时间，同时由工长预约监理确定交底时间。

2）熟悉图纸、预算，编制施工进度表，组织施工方共同确定总体施工方案，对于有问题的图纸与预算协助工长与审核部、业主、设计师沟通解决。

3）组织客户、工长进行现场技术交底，明确施工内容，确定各种家居产品的安装位置。

4）监督工长至少3天播报一次在施工地的情况，施工过程中与业主保持畅通联系，并取得业主信任和工作支持。

（2）前中期施工阶段

1）根据图纸检查电路开关、插座位置，明确点位，并要求工长出具水电预估单等相关资料。

2）明确强弱电线路走向，并检查施工是否符合规范要求。

3）明确吊顶、隔断龙骨的位置和形状，并检查施工是否符合规范。

4）组织隐蔽工程的自检和内部验收工作，并提出相应的整改意见。

5）向客户介绍瓦工施工要求，对细节部分的处理征询客户意见，并对施工提出要求。

6）明确各种墙地砖及腰线、花砖及特殊商品的排放安装位置。

7）提醒工长自检，检查瓷砖质量及数量花色等。

（3）中后期施工阶段

1）刷漆前要求工长再次与客户确定施工方案，明确各墙面漆的施工方案。

2）依据实际情况，审核工长开出的材料单。

3）组织巡检、内部验收和墙面乳胶漆工程验收。

4）检查基础施工安装工程项目能否正常使用。

5）及时组织甲方、工长、监理三方到场参与竣工验收。

（4）监理（质检）关键节点监督

现场交底、材料验收、水电验收、隐蔽工程验收、瓦木验收、油漆验收、竣工验收，以及防水工程、安装工程等，并出具验收、巡检结果报告。

4. 工程表格和验收照片的收集

（1）质检员必须严格按照要求填写各种施工表格和验收单并三方确认签字。

（2）严格按照验收表格与客户共同验收，并将验收单向客户说明。

（3）不得随意涂改工程表格和验收单，涂改必须有客户签字及日期。

（4）不得先行填写验收单让客户签字，验收表格的填写须在验收过程中完成。

（5）不得遗失工程表格和验收单。

（6）严禁非甲方指定人员，代替客户在表单上签字，避免发生责任纠纷。

（7）竣工验收后，及时整理各种施工表格和验收单，及时归档保存。

（8）竣工资料包含以下内容：施工图纸、预算报价、工程变更洽商单、施工手册、交底记录单等，以及水电验收图纸。

## 7.3　室内墙面抹灰层空鼓、裂缝缺陷

1. 墙面现象

抹灰打底层与基层或面层与打底层粘结不牢，甚至脱开形成空鼓，空鼓会使打底层和面层产生拉应力，进而产生裂缝甚至脱落，有时由于砂浆整体收缩性较大，也会导致抹灰面产生裂缝。

2. 产生原因

（1）基层处理不当，表面杂质清扫不干净，淋水不透，基层浇淋水不匀。

（2）墙面平整度偏差太大，一次抹灰太厚。

（3）水泥砂浆配合比中水泥少，造成水泥砂浆品质降低保水性差，粘结强度低或者砂粒过细，砂中含泥量大。

（4）各层抹灰层水泥与砂子配合比相差过大。

（5）水泥砂浆面层直接做在石灰砂浆面层上，造成空鼓，应剔除石灰砂浆层。

（6）没有分层抹灰或各层抹灰时间间隔太近。

（7）水泥砂浆搅拌不充分或压光面层时间掌握不准。

（8）气温过高时，砂浆失水过快或抹灰后未适当浇水养护。

3. 防治措施

（1）不同基层材料交汇处，应增加铺钉钢丝网，每边搭接长度应在 10cm 为宜。

（2）抹灰前对凹凸不平的墙面必须剔凿平整，孔洞或四陷须用 1∶3 水泥砂浆浇筑堵严抹平。

（3）基层太光滑时，应凿毛或刷一道素水泥浆，或用界面剂薄刷一层。

（4）基层墙面应提前淋水湿润，要淋透浇匀覆盖。

（5）基层表面的污垢、隔离剂等必须清除干净。

（6）搅拌水泥砂浆和抹灰砂浆等不能前后覆盖混杂涂抹。

（7）水泥砂浆抹灰各层，必须同是搅拌水泥砂浆或专用找平砂浆。

（8）底层砂浆在终凝前不准抢抹第二层砂浆。

（9）抹面未收水前不准用抹子搓压，砂浆已硬化时不允许再用抹子用力搓抹，可以再薄薄地抹一层来弥补表面不平或抹平印痕。

（10）按要求分层抹灰，处理空鼓、裂缝部分应剔除，重新抹灰。

## 7.4 墙面铺贴瓷砖质量缺陷

1. 铺贴墙面瓷砖空鼓

（1）质量现象

瓷砖空鼓。

（2）产生原因

1）基层表面光滑，铺贴前基层没有湿水或湿水不透，水分被基层吸掉影响粘结力。

2）基层偏差大，铺贴抹灰过厚而致干缩过大。

3）瓷砖泡水时间不够或水膜没有晾干。

4）粘贴砂浆过稀，粘贴不密实。

5）粘贴灰浆初凝后拨动瓷砖。

6）门窗框边封堵后，边角不规矩，作业面不易操作铺贴，尤其仰面贴砖，容易产生瓷砖空鼓。

7）使用质量不合格的瓷砖，瓷砖强度刚性低下。

8）墙砖用高密度、低吸水率瓷砖，如地砖裁切上墙，未采用瓷砖胶粘剂。

（3）防治措施

1）基层凿毛，铺贴前墙面应淋水，水应渗入基层 3 ~ 5mm 为宜，混凝土墙面应提前浇水湿润。

2）基层凸出部位剔平，凹处用 1∶3 水泥砂浆补平，脚手架洞眼、管线穿墙处用砂浆填严，不同材料墙面接头处，钉丝网各搭接不小于 100mm，然后用水泥砂浆抹平，再铺贴瓷砖。

3）瓷砖使用前必须提前浸泡透并晾干备用。

4）砂浆应具有良好的和易性与稠度，操作中用力要匀，嵌缝应密实。

5）瓷砖铺贴应随时纠偏，粘贴砂浆初凝后严禁拨动瓷砖。

6）门窗边应用水泥砂浆封严规矩，达到铺贴基础面的要求。

7）高密度、低吸水率瓷砖，地砖上墙必须采用瓷砖胶粘剂铺贴。

2. 瓷砖墙面砖缝不直，墙面凹凸不平

（1）质量现象

瓷砖墙面接缝不直，不均匀，墙面凹凸不平，颜色不一致。

（2）产生原因

1）找平层垂直度、平整度不合格。

2）使用了工厂清仓砖，同种砖品质量良莠不齐，对瓷砖颜色、尺寸挑选不严，面砖几何尺寸不一致。

3）粘贴瓷砖前，排砖未弹线。

4）瓷砖镶贴后未及时调缝和检查。

（3）防治措施

1）做找平层时，必须用靠尺检查垂直度、平整度，使之符合规范要求。垂直度、平整度不合格不得铺贴瓷砖。

2）选砖应列为一道工序。规格、色泽不同的砖应分类堆放，变形、裂纹砖应剔出不用。

3）划出片数线，找好规矩。

4）排砖模数，要求横缝与竖缝符合工艺要求对缝，窗台平，竖向与阳角窗口平。大墙面应事先铺平。窗框、窗台、腰线等应分缝准确，阴阳角双面挂直，在找平层上从上至下做水平与垂直控制线。

5）操作时应保证面砖上口平直，贴完一层砖后，垂直缝应以底子灰弹线为准，在粘贴灰浆初凝前调缝，贴后立即清理干净，用靠尺检查。

3. 瓷砖墙面裂缝变色或污染

（1）质量现象

砖面裂缝变色或污染。

（2）产生原因

1）瓷砖材质松脆，吸水率大，抗拉、抗折性差。

2）瓷砖在运输、操作中有暗伤。

3）材质疏松，施工时浸泡了不洁净的变色水。

4）粘贴后被灰尘污染变色。

（3）防治措施

1）选材时应挑选密实、吸水率不大于18%的好砖，冰冻严重地区吸水率应不大于8%。

2）操作中将有暗伤的瓷砖剔出，铺贴时不用力敲击砖面，防止暗伤。

3）泡砖须用清洁水。

4）选用材质致密的砖，表面污染的灰尘要清理。

4. 墙砖铺贴脱落

（1）质量事故现象

墙面饰面砖鼓起脱落。

（2）产生原因

1）饰面砖自重大，找平层与基层有较大剪应力，粘结层与找平层间亦有剪应力，基层面不平整，找平层过厚使各层粘结不良。

2）铺贴基础墙面未做处理，没刷界面剂，不同结构的结合处未做处理。

3）砂浆配合比不准，稠度不符合要求，砂含泥量大，在同施工面上采用不同配合比砂浆，引起不均匀干缩。

4）砖背砂浆不饱满，面砖勾缝时间过早，水泥砂浆没有完全固化，引起脱落。

5）贴砖作业面不易操作铺贴，尤其仰面贴砖，容易产生瓷砖脱落。

6）墙砖用高密度、低吸水率瓷砖，如地砖裁切上墙。因为报价稍低，为了省材料费，没用瓷砖胶粘剂。

（3）防治措施

1）找平层与基底应做严格处理，光面凿毛，凸面剔平，尘土油渍清洗干净，找平层抹灰时洒水，再分层抹灰，提高各层的粘结力。

2）抹灰检查基础面是否有空鼓隐患，不同结构结合部铺钉金属网绷紧钉牢。金属网与基体搭接宽度不少于100mm，再做找平层。二手房墙面剔除后的基础面，要涂刷专用界面剂处理。用水泥砂浆做局部修补、找平。达到铺贴瓷砖标准。铺贴瓷砖时，水泥砂浆要饱满、密实、牢固。

3）贴砖作业面不易操作铺贴时，尤其仰面贴砖，掌握特殊铺贴工艺要领。

4）墙砖用高密度瓷砖、低吸水率瓷砖时，地砖裁切上墙时，按工艺要求必须抹瓷砖胶粘剂。

# 7.5　披挂腻子质量缺陷

1. 披挂腻子裂纹

（1）墙顶面现象

刮抹在基层表面的腻子，部分或大面积出现小裂纹，特别是在凹陷坑洼处裂纹较严重，甚至脱落。

（2）产生原因

1）腻子品质需要再次了解与材料部进行沟通，对质量不稳定情况，进行报备。有可能是腻子胶性小，稠度较大，失水快，使腻子面层出现裂缝。

2）凹陷坑洼处的灰尘、杂物未清理干净，粘结不牢。

3）凹陷孔洞较大时，刮抹的腻子有半眼、蒙头等缺陷，造成腻子不生根或一次刮抹腻子太厚，形成干缩裂纹。

（3）防治措施

1）腻子稠度适中，必要时可增加白乳胶的比例，胶液应略多些。

2）对孔洞凹陷处应特别注意清除灰尘、浮土等，并涂一遍胶粘剂，当孔洞较大时，腻子胶性要略大些，并分层进行，反复刮抹平整、坚实。

3）对裂纹大且已脱离基层的腻子，要铲除干净，处理后要披挂一遍，底层石膏（粉刷石膏）保证腻子基础层面平整、密实，再进行披挂腻子工序。

4）在大中城市，目前采用高级工艺，均是在混凝土基面上，先涂刷底层石膏，再披挂腻子层（尤其是二次装修工程的墙面处理）。

2.腻子层起层、翻皮

（1）墙顶面现象

在刮抹基层表面腻子时，出现腻子翘起或呈鱼鳞状皱结现象。

（2）产生原因

1）腻子过稠或胶性较小，腻子品质过低。

2）基层表面有明显浮灰尘等。

3）基层表面太光滑或有雾霜，在表面温度较高的情况下刮抹腻子。

4）基层过于干燥，腻子刮得过厚。

（3）防治措施

1）调制腻子时稠度合适，不宜过稠或过稀。若直接用普通石膏粉时，可适度增加白乳胶胶量。

2）清除基层表面灰尘等，涂刷底层石膏，再刮腻子层。

3）每遍腻子不宜过厚，不可在有雾霜、潮湿和高温的基层上刮腻子。

4）起皮、翻皮腻子应铲除干净，找出原因后，采取相应措施做好基层，再重新刮腻子。

3.墙顶腻子表面粗糙、有疙瘩

（1）墙顶面现象

表面有凸起或颗粒，不光洁。

（2）产生原因

1）基层表面污物未清除干净；凸起部分未处理平整；砂纸打磨不够或漏磨。

2）使用的工具未清理干净，有杂物混入材料中。

3）操作现场周围灰尘飞扬或有污物落在刚粉饰的表面上。

4）基层表面太干燥；施工环境温度较高。

（3）防治措施

1）清除基层表面污物、流坠灰浆，接槎棱印要用平铲修饰或砂轮磨光，腻子疤等凸起部分用砂纸打磨平整。

2）操作现场及使用材料、工具等应保持洁净，以防止污物混入腻子粉中。

3）表面粗糙的粉饰，要用细砂纸打磨光滑，或用铲刀铲扫平整，并上底油。

## 7.6 涂刷乳胶漆质量缺陷

1.内墙乳胶漆流坠、流挂、流淌

（1）墙面现象

在被涂面上或线角的凹槽处，涂料产生流淌使涂膜厚薄不匀形成泪痕。重者有似帷幕下垂状。

（2）产生原因

1）涂料施工黏度过低，涂膜又太厚。

2）施工场所温度太高，涂料干燥又较慢，在成膜中流动性又较大。

3）滚筒刷侵粘乳胶漆太多。乳胶漆兑水比例过大太稀。

4）涂饰墙顶面凹凸不平，在凹处积乳胶漆太多。

5）使用喷涂设备，施工中喷涂压力大小不均，喷枪与施涂面距离不一致。

（3）防治措施

1）调整乳胶漆涂料的施工黏度，每遍涂料的厚度应控制合理。

2）加强施工场所的通风，选用干燥稍快的涂料品种。

3）滚筒刷侵粘乳胶漆应勤蘸、蘸少。

4）在施工中，应尽量使基层平整，磨去棱角，刷涂料时用力刷匀。

5）设备喷涂时，要适时调整喷枪的喷嘴孔径。

6）调整空气压缩机，使压力均匀。气压一般为 0.4～0.6MPa，喷枪的喷嘴与施涂面距离调到足以消除此项瑕疵，并应均匀移动喷枪。

2. 乳胶漆涂刷透底

（1）墙面现象

面层涂料把底层涂料的涂膜软化，使底层涂料的颜色渗透到面层涂料中来。

（2）产生原因

1）在底层涂料未充分干透的情况下，涂刷面层涂料。

2）底层涂料中使用的涂料，颜料在不同桶中，调色出现误差等。

3）底层涂料的颜色深，而面层涂料的颜色浅。

（3）防治措施

1）底层涂料充分干后，再涂刷面层涂料，并注意前后兑水比例。

2）底层涂料和面层涂料应配套使用，并注意电子调漆质量。

3）面层涂料的颜色，需比底层涂料深。

3. 乳胶漆涂刷咬色

（1）墙面现象

面层涂料把底层涂料的涂膜软化颜色渐变。浆膜未将基层覆盖严实而露出底色，特别在阴阳角或部分地方出现颜色改变。

（2）产生原因

1）有可能底漆用原其他工地"剩底漆、剩面漆"，品质受到影响。

2）底层涂料未达到干燥工艺时间要求，抢工期就涂刷面层涂料。

3）涂刷底漆、面漆时，遇到雨季潮湿天气，冬季室内温度低。

4）基层表面或上道浆颜色较深，表面刷浅色浆时，覆盖不住，造成底色显露。

5）基层预埋铁件等物件未处理或未刷防锈剂及白厚涂料覆盖。

（3）防治措施

1）底层涂料和面层涂料应该使用新乳胶漆。剩余涂料作为今后维修时备用。

2）提高施工水平，掌握好两遍刷漆的控制时间。表面若太光滑，一定要涂刷底漆。

3）在雨期时，注意让有丰富经验的师傅调整，控制干燥通风时间，冬季室内温度过低时，应增加临时供暖设施。

4）对有透底或咬色弊病的粉饰，要进行局部修补，再涂刷 1~2 遍面漆覆盖。

4. 乳胶漆起皱纹

（1）墙面现象

乳胶漆漆膜在干燥过程中，因里层和表面干燥速度的差异，表层急剧收缩向上收拢。涂膜表面呈现出许多半圆形突起，形似橘皮斑状。

（2）产生原因

1）底漆过厚，未干透或黏度太大，涂膜表面先干，里面底漆未完全干燥。

2）高温、下雨及大风的气候不宜涂刷涂料；装修现场施工温度过高或过低。

（3）防治措施

1）应熟练掌握涂刷技术，调好涂料的兑水比例、黏稠度适当。

2）应注意施工场所温度，在雨期时，要适当延长涂刷遍与遍时间。

# 7.7 家装门窗安装质量缺陷

1. 木质复合门（免漆门）门框松动

（1）质量现象

门框松动与门洞口的抹灰层产生缝隙密实或安装工艺水平低。

（2）产生原因

1）不同材料墙体，未分别采用相应的固定方法和固定措施。

2）框与墙体间缝隙安装时间不充分，没严格按工艺执行。

3）衬板木桩预埋不牢固，特别是薄墙体中的衬板木砖不稳固。安装时锤击木桩造成松动，未修补。

（3）防治措施

1）衬板木桩的数量、位置应按图纸或有关工艺要求规定设置，间距一般不超过 600mm，普通隔墙或轻体隔墙应理定制衬板木桩。

2）较大的门框别墅或子母木门窗框要用铁连接件与墙体组合在一起。

3）先在门外框上按设计规定位置钻孔，用合适的自攻螺栓把镀锌连接件紧固。

4）用电锤在门窗洞口的墙体上打孔，装入尼龙膨胀螺栓，门窗安装校正后，用螺栓螺芯连接固定在螺栓胀管内。

5）门洞口每边与框空隙不应超过 20mm，如超过 20mm，专用膨胀螺栓应加长，并在衬板木桩与门框之间加垫木，保证固定膨胀螺栓进入衬板木桩 50mm。

6）门框与木桩结合时，每一边衬板要有两处以上膨胀固定点，而且上下要错开，不得在一个水平线上。

7）门框与洞口之间的缝隙超过 25mm 时，应提前用水泥砂浆做门洞口找平找方；不足 25mm 的应打泡沫胶塞填密实，最后再打封边白胶。

8）衬板木桩松动，应预先固牢或补埋；要选择长度、粗细直径合适的膨胀螺栓，用手枪钻打孔时，要按规定，打孔位置准确。

2.门扇开关不自然顺畅

（1）质量现象

门扇与门框之间有局部碰擦，安装后关闭不严密、不灵活、开关困难不自然通畅。

（2）产生原因

1）门框、门扇的侧面有不平整现象，预留门缝宽度太小不一致。

2）铰链槽深浅不均匀，安装不平整、不垂直，门窗扇下垂、倒翘，与门框相碰。

3）地面不平整，门扇与地面局部摩擦。

（3）防治措施

1）验扇前应检查框的立梃是否垂直，如有偏差，需修整后再安装。

2）安装合页时，应保证合页进出深浅一致，上下合页轴保持在一个垂直线上。

3）选用五金要配套，螺栓帽要平卧到螺栓窝内。

4）针对出现问题，采取相应措施修理。

3.断桥铝、塑钢门窗渗漏

（1）质量原因和现象

门窗工程渗漏是建筑工程中业主投诉、返修率较高的质量问题之一，它不仅影响了房屋的正常使用，还有渗漏影响造成的其他装饰装修的返工处理。

1）门窗设计不合理的渗漏，包括抗风压设计不足、分割不合理等。

2）门窗框与门窗洞口墙体之间缝隙处理不当，密封胶施工不符合要求。

3）窗框材料拼接、组角及螺栓孔未胶封处理或不密实导致接缝渗水。

4）窗缝结构抹灰存在空鼓、裂缝、起砂，导致密封不严渗漏。窗台泛水倒坡，窗上口滴水设置不合理。

（2）门窗渗漏预防方法

1）根据工程项目外窗的结构规格进行荷载计算，确定窗型材系列型号和型材壁厚，保证门窗结构强度和抗风压设计。

2）对窗框各类拼樘料、中梃、横档、转角拼接料等细部防水节点进行优化设计。

3）门窗的防水及排水设计符合型材和门窗结构的要求。框与墙体间缝隙预留符合要求，对门窗填缝及防水构造要求设计合理。

4）窗上部按规定做滴水线或鹰嘴，窗台坡度符合要求防止倒泛水。

（3）门窗加工过程中防渗漏具体措施

1）制作加工精度保证，防止装配间隙过大。

2）铝型材组角或拼缝搭接处采用密封胶密封。门窗框料加工拼装节点均应有密封措施，拼接细部节点内外部位均用密封胶封堵，框上螺栓孔拧丝前应注胶，并保证拧丝后密封胶满溢出。

3）防止密封胶条、毛条下料偏短，造成端头渗水。

4）排水孔设置要符合设计要求，孔要设防风盖。

5）对于有转角或连通形式的门窗，连接杆件的上下部进行封堵，防止雨水由上而下进入室内。

6）门窗转角拼接杆及转换框的型号要选择密封性能好的，现场拼接时要在杆件内部涂密封胶，提高转角拼接缝防水能力。

（4）门窗安装过程中的防渗漏措施

1）根据要求合理选用砂浆填充法，水泥砂浆采用干硬性水泥，塞缝要严实。

2）门窗边框四周的外墙面300mm范围内，增涂两遍防水涂料以减少雨水渗漏的机会。

3）门窗的密封件和粘结材料一定要选择合格的和在使用期内的产品，密封胶条抗老化性能应优良，规格合适，宜选用氯丁橡胶、三元乙丙热固性橡胶或热塑性橡胶、硅橡胶等。

4）门窗的密封条是隔汽、防水的重要部件，转角处应切成45°角并用硅胶粘结牢固，不得有缝隙。门窗关闭后其密封条必须全部受压状态。

5）在风压较大时会有水从室外侧进入到框与扇的五金装置连接处，因为室外侧风压比连接处的高，水一直无法排到室外就会进入室内，形成渗漏水，可在设计时设置等压腔，包含框扇合作处及敞开扇上。

6）安装过程中加强过程控制，通常可以分节点进行淋水试验，外框安装完成后淋水检验塞缝和防水涂料的施工质量。门窗安装完成后淋水试验，检查门窗在制作和安装过程中是否有渗水隐患。

# 8 住宅室内设计与施工知识问答、试卷

2019 年起将逐步启用全国住房和城乡建设装饰领域专业人员岗位考核、培训工作。其中，建筑装饰装修培训、自学、自考用书，也包括《住宅装饰装修一本通》《住宅装修设计与施工指南——装修攻略》两本图书。这两本装饰书籍不仅涵盖了现场工程技术人员、质检人员、检查人员应掌握的通用知识、基础知识、岗位知识和专业技能，还涉及装饰设计、水电知识、环保知识、装修材料等方面的知识，包括施工质量知识、工程管理实务的考试题目和参考答案，可作为家装设计师、工程监理（质检员）、项目经理（工长）、主材员等岗位培训后用考试试卷。

## 8.1 住宅设计问答题

1. "室内设计"，在住宅室内装饰中的地位是什么？

答：住宅设计是室内装饰装修体系的灵魂，是整个家装施工项目、家居住宅主材、家具、软装产业链的龙头。

2. 什么是住宅设计师？

答：住宅室内设计师是指运用家具制作技术、舞台展示技术、建筑装饰技术和艺术手段，对建筑物住宅、别墅内部空间，进行室内环境设计的专业人员。

3. "住宅设计师"从事的主要工作包括哪些内容？

答："住宅设计师"从事的主要工作包括：

（1）进行空间形象设计。

（2）进行室内装修设计。

（3）进行室内物理环境设计。

（4）进行室内空间分隔组合、室内用品及成套设施配置、室内陈设艺术设计等。

（5）对装饰施工进行指导。

4. 住宅设计涉及哪些学科？

答:建筑室内设计是一项综合学科,涉及建筑学、社会学、心理学、人体工程学、结构工程学、物理学、建筑美学、家居环保学科以及建筑材料等科学。家装设计还涉及家具、陈设、装潢材料、工艺美术、绿化、造园艺术等领域。

5. 住宅设计的实质环境包括哪些要素?

答:设计的实质环境包括建筑物住宅内自身的构成要素、固定形态要素,如门、窗、顶、墙、地;以及固定或活动家具摆放陈设要素,如沙发、桌、衣柜、床等。

6. 住宅室内的采光、照明等装饰要素是属于什么环境?

答:住宅内的采光、照明以及促进室内视觉灵感等装饰要素,如雕刻、挂画、色彩、图案等属非实质环境。

7. 住宅设计师应当有什么样的能力? 创造出什么样的住宅空间环境?

答:家装设计师又是家居艺术的策划者,应当有充分的想象力和造形能力,调动和使用各种艺术的、技术的手段,使设计达到最佳声、光、色、形的搭配效果,创造出理想的空间居住、生活、学习、娱乐环境。

8. 住宅设计的作用是什么?

答:(1)强化空间的性格,使不同类型的建筑室内空间体现其不同的性格特征。

(2)强化室内空间的意境和气氛,使室内空间更具情感和艺术感染力。

(3)弥补结构空间的缺陷与不足,强化室内空间序列效果。

(4)美化建筑室内的视觉效果,给人以直观的视觉感以及美的享受。

(5)保护建筑结构的牢固性,延长建筑的使用寿命。

(6)增强建筑的物理性能和设备的使用效果,提高建筑物综合使用效果。

9. 住宅设计应把握的设计对象依据是什么?

答:(1)使用性质,即室内空间的功能。

(2)所处环境因素,即建筑物和室内空间的环境状况如何。

(3)建筑物和室内空间的相应项目的总投资和甲方造价标准水平。

10. 室内设计里什么叫"虚拟空间设计"?

答:不用实际形体和材料去分割空间,而靠色彩或造型的启示,去联想或感觉到空间的划分,称为"虚拟空间设计"。是一种以简化装饰而获得理想效果的手段。

11. 室内设计里什么叫"结构空间设计"?

答:有意识将内部结构暴露出来进行观赏,形成空间美的环境,称"结构空间设计"。

12. 室内设计里什么叫"开敞空间设计"?

答:在室内家庭装修中,采用大块无边框玻璃,将封闭的改造成玻璃造型的,以开阔视野,拓宽空间,属于"开敞空间设计"。

13. 室内设计里什么叫"封闭式空间设计"?

答:将较大的房间,根据需要用隔墙或造型将其分割封闭起来,具有很强的隔离性，称为"封闭式空间设计"。

14. 室内设计里什么叫"动态空间设计"？

答：在同一个空间里，把相对静止的东西，通过一定的造型或其他手段，启发人们去联想。这种设计称为"动态空间设计"。如旋转楼梯、人造景观等。

15. 室内设计里什么叫"静态空间设计"？

答：运用偏冷的色彩,稳定的构图给人以较强的围护感,称为"静态空间设计"。

16. 住宅"室内设计"的使用功能是什么？

答：使用功能也叫"实用功能"。室内设计以创造优美的室内外环境为宗旨，把满足人们在室内外进行工作学习、生活和休息的要求放在首位。

17. "室内设计"精神层面的功能是什么？

答：（1）能够使人产生美感等感受。感受就是心理反应。室内设计选样、色彩所造成的室内环境优良会给人以美的心理感受。

（2）室内外环境给人造成的总印象，即"气氛"。它能够体现环境之间不同性质的东西，给人以不同的感受。

（3）体现某种意境或思想。意境是内部环境集中体现的某种意图，能引人联想，发人深思，给人以启示或教益。

（4）反映时代感与历史文脉。时代感是指满足人们在现代社会中的物质需要和精神需要。历史文脉就是要充分考虑我国历史文化的延续和发展，采用具有民族特点、地方风格和乡土气息的设计手法。

18. 住宅设计程序的前期阶段是什么？

答：了解建设方意向，搜集设计的基础资料，确定设计思路。

19. 住宅设计程序的方案设计阶段流程是什么？

答：方案构思、方案比较、方案深化、绘制效果图、方案优化、方案论证、方案修改、方案定稿等。

20. 在住宅设计阶段，除了设计方案之外，还有哪几项重要工作？

答：绘制全套施工图、水电连线图、立面节点图等，以及与甲方签订家装施工合同。住宅施工合同内包含主材产品，住宅设计师还与主材设计师配合，完成主材订购、选型工作。并在正式开工时，完成施工技术交底工作。

## 8.2 室内设计风格与流派问答题

1. 西洋传统装饰风格是什么？

答：西洋传统装饰风格是以古希腊和古罗马为代表。他是西方文化的主要源头。

2. 中国传统装饰风格是什么？

答：（1）以对称和均衡表达稳健庄重。

（2）以古玩、字画、牌匾、题字创造一种含蓄、清新、雅致境界。

（3）以蓝、绿色为主色调；黑、白、金三色相间。

3.西方宫廷、宗教建筑艺术的最集中体现是什么？

答：主要表现在神殿建筑中，造型多为长方形的厚壁拱形建筑，其风格庄重典雅，具有和谐、壮丽、崇高之美。西洋神殿建筑艺术的最集中的体现是石头柱子，有陶立克柱式、爱奥尼克柱式、科林斯柱式等。

4.西洋传统室内装饰以什么为主？有哪些古典装饰图案？

答：西洋传统室内装饰以山形墙、檐板和柱头为主。室内家具流行旋腿家具，并雕刻涡卷、竖琴、古瓶、桂冠、花环等古典装饰图案。

5.中世纪建筑装饰风格主要有哪些风格？各有什么明显特点？

答：中世纪建筑装饰风格主要是拜占庭风格、仿罗马风格和哥特风格。

"拜占庭风格"的特点是方基圆顶结构，上面装饰几何形碎锦图案，体现庄严、纤细、精致的装饰效果。

"罗马风格"室内流行十字交叉式圆拱顶，四角采用圆柱或方柱支撑，内墙面有各种颜色的小石片镶嵌装饰。

"哥特风格"主要表现在尖顶、尖塔和飞拱墙等建筑细部的刻画上。尖拱顶中有碎锦玻璃窗格花饰，窗口上有火焰形线脚装饰，风格纤细，高贵而华美。

6.西方文艺复兴时期的建筑风格是以什么风格为基础？

答：文艺复兴时期的建筑装饰风格是以古希腊和古罗马风格为基础，并融合了哥特式装饰形式。室内装饰采用新的表现手法，对山形墙、檐板、柱廊等装饰细部重新进行组织，获得崭新形式。

7.室内"巴洛克风格"的艺术特征以什么为主要风尚？

答：巴洛克风格的艺术特征表现为：在运用直线的同时，也强调线型流动而变化的造型，具有过多的装饰和华美厚重的效果，以装饰奢华、富丽堂皇为主要风尚。

8.建筑装饰"巴洛克风格"的室内墙面、家具的显著特点？

答：（1）巴洛克风格的室内墙面装饰多采用大理石、石膏灰泥和雕刻墙板彩法制作，再装饰些华丽多彩的织物、壁毯或大型油画。

（2）巴洛克风格的家具多采用高级檀木、花梨木和胡桃木制作，并加以精工雕刻。

（3）巴洛克风格的椅背、扶手和椅腿部分均采用涡纹雕饰，配上优美的弯腿、高贵的锦缎织物，显得优雅柔和，色彩强烈动人。

9.建筑装饰"洛可可风格"呈现出什么效果？

答：洛可可风格是继巴洛克风格之后发展起来的一种艺术派别，它们以不均衡的轻快、繁琐、纤细曲线著称，呈现出灵巧亲切的效果。

10. 建筑装饰"洛可可风格"室内墙面装饰、色彩、家具等特点是什么？

答：（1）室内墙面以平圆柱或半方柱上用花叶、飞禽、蚌纹和涡卷等雕饰，并组成玲珑框档装饰。

（2）墙面装饰多运用贝克的曲线，皱折和弯曲的构图。

（3）洛可可的色彩以淡雅柔和的色调为主。黑、白、金颜色形成强烈对比，色彩绚丽多彩。

（4）洛可可家具中的靠椅常采用雕饰弯腿和包垫扶手形体低矮而又感舒适。

（5）家具中的沙发、床、写字台和衣橱上的雕刻细致、精美、华丽，体现了他的繁琐、华丽的特点。

11. 西方"新古典风格"的特点是什么？

答：属浪漫主义的巴洛克和洛可可风格。室内装饰主要特点是去掉了复杂的曲线结构和过多的娇媚装饰，把重点放在结构本身方面。

12. "新古典风格"的装饰造型以什么为主？特点是什么？

答：（1）新古典风格的装饰造型以直线为主，形体有意缩小，外巧亲切的效果。

（2）特点是属浪漫主义的巴洛克和洛可可风格。室内装饰主要特点是去掉了复杂的曲线结构和过多的娇媚装饰，把重点放在结构本身方面。

## 8.3 室内装修的施工组织设计问答题

1. 工程管理的"施工组织设计"应做到符合并满足哪些要求和条件？

答：（1）应该做到项目针对性、科学技术性、实施可行性、方法先进性。

（2）施工组织设计内容应该满足甲方的（工装招标文件或住宅别墅改造）要求。

（3）质量保证体系完善，措施有力。当发生非常规问题时，有预备方案。

（4）施工安全措施完善、可靠。可进行抽查、日检落实。

（5）劳动力计划及主要机具设备计划先进、合理。施工团队力量具有家装经验。

（6）施工进度计划先进，保证措施有力。积极安排、协调主材、设备、产品进场。

2. 室内装饰工程的施工组织设计编制要点是什么？

答：（1）工程概况全面，包括工程装饰概况、建筑地点的特征、施工条件。

（2）施工方案的调整、选择，应分清新建工程的装饰工程、改造装饰工程不同施工方案、步骤。

（3）室内工装在编制施工进度计划的同时，有条件可编制网络计划。

（4）施工设备工作计划（工装和别墅装修项目常常采用）。

（5）各项资源需用量计划要完备，包括材料、设备、劳动力需用计划、构件和加工成品、半成品需用量计划，施工数量及运输计划等。

3. 室内装饰工程的施工组织设计编制要点有哪几项措施？

答：（1）质量保证措施。

（2）安全保证措施。

（3）成品保护措施。

（4）进度保证措施。

（5）消防保卫措施。

（6）节能环保措施。

（7）冬雨期施工措施。

（8）施工人员保证实施。

4.家装施工组织设计的装修流程，应遵循的一般规律？

答：（1）先预埋，后封闭，再装饰。

（2）预埋阶段：先通风，后水管，再电气线路。

（3）封闭阶段：先墙面，后顶棚，再地面。

（4）装饰阶段：先油漆，后裱棚，再面板。

（5）调试阶段：先电气，后水暖，再空调。

## 8.4 设计施工知识考试A卷1~60题

姓名：　　　　单位：　　　　　　分数：

备注：

1.本次考试满分100分，合格分为80分；考试时长60分钟。

2.考试为闭卷形式，过程中不允许查阅笔记或使用任何通信工具。

3.1~40问题：每题2分，41~60题：每题1分

## 一、判断问题（正确请打"√"，错误请打"×"）

**现场安全题目**

1.现场120m² 以下配备2个5L灭火器，每增加60m² 增加1个灭火器。（√）

2.油漆及稀释剂可以堆放在有阳光直射处以及动用明火作业区。（×）

**现场管理题目**

3.下水管、坑管必须有防堵措施保护，防止杂物掉落堵塞下水管道。（√）

4.可以自拆改扩充卫生间使用区间面积，改变阳台用途。（×）

5.可以自拆改扩大主体结构上原有门窗洞口，拆除连接阳台的墙体。（×）

**水电工题目**

6.电动工具应使用配套电线和插头，连接线必须使用护套线，不得用"麻花线"或弱电线代替。（√）

7. 油工打磨砂纸必须使用合格的带护罩的防爆灯,不得使用自制手把灯。(√)

8. 室内新装配电箱必须设置漏电保护器(动作电流≤30MA),总开关必须使用单极开关。(√)

9. 按照电气系统图配线,导线接入断路器时必须勾头压接,零、地排接线端子上压接导线的回转(逆时针)方向要正确,接线牢固。(√)

10. 电源配选导线时,应符合设计要求,所用导线截面应满足用电设备、用电器具的最大输入功率。(√)

11. 插座接线顺序应符合以下规定:面对插座左相右零,接地在上。(√)

12. 同一线路上不得超过四个弯头,超过时必须设置分线盒。(√)

13. 吊顶上的灯具、风口及检修口和其他设备,可以固定在龙骨吊杆上。(×)

14. 卫生间铺贴墙砖时,墙面下方等电位端子可以封闭。(×)

15. 塑料电线保护管、接线盒必须使用阻燃型产品。(√)

16. 强电电线与弱电线可以穿入同一根管内。(×)

17. 墙体内布线应穿管敷设,吊顶内可将导线直接裸露敷设在吊顶内。(×)

18. 管内电线可以有扭结和接头。(×)

19. 厨房、卫生间区域,电路管道可以铺设在顶面或地面。(×)

20. 大功率家电设备,用电器具应单独选配布线和安装电源插座。(√)

21. 嵌入墙体和地面的暗管及槽内应进行防水处理,并用石膏抹砌保护。(√)

22. 水电管可以同槽布置,电上水下,线管排列要合理。(×)

23. 不同品牌、材质的 PPR 管材可以热熔连接。(×)

24. 灯具严禁木榫固定,重量大于 5kg 的电器物品,应固定在螺栓或预埋吊钩件上,且牢固可靠。(√)

25. 安装工人口诀:"相线进灯头,零线进开关"。(×)

**木工题目**

26. 石膏板安装时要求反面朝外(有商标为反面),石膏板纵向(长边)要求垂直于副龙骨固定。(√)

27. 石膏板应在自由状态下安装固定。每块板均应从四周向中间放射状固定。(√)

28. 隔墙石膏板固定应用自攻螺钉,长边接缝在横龙骨上。(√)

29. 石膏板的横、纵接缝应错开,不得在一根龙骨上,不允许出现十字通缝。(√)

**瓦工题目**

30. 瓦工瓷砖开圆孔必须使用开孔器,腰线上不得开孔。(√)

31. 墙砖镶贴时,对表面很光滑的混凝土基层应先进行"毛化处理"。(√)

32. 严禁用纯水泥加胶水镶贴,可以用大理石胶粘墙面砖。(√)

33. 家装卫生间干区地面排水坡度应为 1%,淋浴房地面排水坡度应为 1.5%,从地漏边缘向外 50mm 内再次加大排水坡度为 5%。地漏排水畅通,地面无积水,

周边无渗漏。（√）

34. 墙面砖粘贴完，用专用直角尺检查，阴阳角方正允许偏差 2 ~ 3mm。（√）

35. 水泥采用硅酸盐水泥，不同品种、不同强度的水泥可混用。（√）

36. 抹灰层工程应分层进行。当抹灰总厚度 ≥ 50mm 时，应采取加强措施。（√）

37. 不同材料基体交接处表面的抹灰，应采取防止开裂的加强措施，当采用加强网时，加强网与基体的搭接宽度不应小于 150mm。（√）

38. 各种陶瓷类器具可以使用水泥砂浆固定、底座窝嵌。（×）

## 二、填空问题

**水电工题目**

39. 临时照明应高于（2.4）m，并要有开关控制，不得直接用电线搭接控制或接长明灯。

40. 淋浴混水阀安装应平正，中心间距等于（150）mm。

41. 匹配布线规定：相线与零线的颜色应不同，同一住宅内相线颜色应统一，宜用（红）色，零线宜用（蓝）色或（黑）色，保护线必须用（黄绿双）色。

42. 管内导线截面积不超过管内径截面积的（40）%。

43. 电源线插座与信息插座位置的水平间距不宜小于（500）mm。

44. 灯具、灯饰等重要大于（3）kg 的电器物品，应固定在螺栓或顶埋吊钩件上，且牢固可靠。

45. 厨房、卫生间区域，电路管线应铺设在顶面，电路与水路平行间距宜大于（300）mm。

46. 电线绝缘性能要求，导线间和导线对地面间绝缘电阻应大于（0.5）MΩ。

47. 低于（2.4）m 所有灯具必须加装接地保护线。

48. 单根电线管弯头不能超过（4）处，弯管用弹簧，电线管连接必须使用管箍和专用胶水。

49. 面对水龙头，热水在（左），冷水在（右）；阀门的安装位置应便于维修更换及使用。

50. 电线管与配电箱、线盒必须使用（锁扣或杯流）连接。

51. 单芯线的截面积为：$1.0mm^2$、$1.5\,mm^2$、（2.5）$mm^2$、（4）$mm^2$、$6.0mm^2$。

52. 普通断路器都具有过载保护和短路保护功能；配置方法：（10）A 适用照明线路，（16）A 适用插座线路。

**瓦工题目**

53. 室内湿作业施工温度不能低于 1℃，涂饰工程施工不低于（5）℃。

54. 淋浴墙面的防水层高度 ≥ 1800mm，浴缸墙面 ≥ 1500mm，其他部位 ≥（30）mm。

55. 闭水试验水深最高点不低于（2）mm，时长不低于24h。

56. 水泥砂浆地面找平厚度不应小于（2.5）mm，水灰比应为（1：3）。

57. 卫生间防水层应从地面延伸到墙面，高出地面300mm，淋浴墙面的防水层高度不得低于（1800）mm，浴缸、水盆处墙面防水层高度不得低于（1500）mm。

**木工题目**

58. 特殊情况，需要用木龙骨吊顶时，主龙骨间距≤900mm，副龙骨间距≤（600）mm，表面满刷防火涂料。

59. 轻钢龙骨吊顶吊筋间距为900~1200mm，主龙骨布置方向通常为沿房间长向布置，间距不大于1000mm，主龙骨悬挑长度不大于（500）mm。

60. 潮湿处安装轻质隔墙应做防潮处理，需在扫地龙骨下设置用混凝土或砖砌的地枕带，一般地枕带高度不低于（120）mm，宽度与隔墙宽度一致。

# 8.5 设计施工知识考试B卷1~60题

姓名：　　　　　　单位：　　　　　　　分数：

备注：
1. 本次考试满分100分，合格分为80分；考试时长60分钟。
2. 考试为闭卷形式，过程中不允许查阅笔记或使用任何通信工具。
3. 1~40题：每题2分，41~60题：每题1分

## 一、判断题（正确请打"√"，错误请打"×"）

**现场管理安全题目**

1. 下水管、坑管必须有防堵措施保护，防止杂物掉落堵塞下水管道。（√）

2. 可以自拆改扩充卫生间使用区间面积，改变阳台用途。（×）

**水电题目**

3. 油工打磨砂纸须使用带护罩的防爆灯，不得使用自制手把灯。（√）

4. 插座接线顺序应符合以下规定：面对插座左相右零，接地在上。（√）

5. 浴霸的安装位置应在淋浴房内侧，尽量安装在淋浴部位正上方。（√）

6. 吊顶上的灯具、风口及检修口和其他设备，可以固定在龙骨吊杆上。（√）

7. 卫生间铺贴墙砖时，墙面下方等电位端子可以封闭。（×）

8. 强电电线与弱电电线可以穿入同一根管内。（×）

9. 墙体内布线应穿管敷设，吊顶内可将导线直接裸露敷设在吊顶内。（×）

10. 管内电线可以有扭结和接头。（×）

11. 厨房、卫生间区域，电路管道可以铺设在顶面或地面。（×）

12. 大功率家电设备，用电器具应单独选配布线和安装电源插座。（√）

13. 嵌入墙体和地面的暗管及槽内应进行防水处理，用石膏抹砌保护。（√）

14. 水电管可以同槽布置，电上水下，只要线管排列要合理。（×）

15. PVC线管之间连接是采用锥度锁紧的方式来连接的。（√）

16. 插座接线时火线和零线换位置效果是一样的，并不影响电器的正常使用。（×）

17. 2.5mm² 的电线指的是导线除皮后的直径 1.78mm² 铜导线。（√）

18. 布线完毕电工要及时包裹裸露的线头以防触电。（√）

19. 不同品牌、材质的PPR管材可以热熔连接。（×）

20. 电动工具应使用配套电线和插头，连接线必须使用护套线，不得用"麻花线"或弱电线代替。（√）

**木工题目**

21. 石膏板安装时要求反面朝外,石膏板纵向(长边)要求垂直于副龙骨固定。（√）

22. 隔墙石膏板固定应用自攻螺钉，长边接缝在横龙骨上。（√）

23. 石膏板横、纵接缝应错开，不得在一根龙骨上，不允许出现十字通缝。（√）

**瓦工题目**

24. 瓦工瓷砖开圆孔必须使用开孔器，腰线上不得开孔。（√）

25. 墙砖镶贴时，对表面很光滑的混凝土基层应先进行"毛化处理"。（√）

26. 水泥的初凝时间不早于45min，终凝时间不得迟于10h。（√）

27. 水泥采用硅酸盐水泥，不同品种、不同强度的水泥可混用。（×）

## 二、填空题

**电工题目**

28. 进户线应使用（6）mm² 电线，配电箱总开关最小应达到（32）A。

29. 室内新装配电箱必须设置漏电保护器，动作电流≤（30）mA。

30. 家用漏电保护器（断路器）应具有（过载）保护、（漏电）保护功能。

31. 漏电保护器应每（3）个月进行一次试跳，确保配件正常工作。

32. 强弱电线盒间距不宜小于（500）mm。

33. 电线绝缘性能要求，导线间和导线对地面间绝缘电阻应大于（0.5）MΩ。

34. 低于（2.4）m 所有灯具必须加装接地保护线。

35. 单根电线管弯头不能超过（4）处，弯管用弹簧，电线管连接必须使用管箍和专用胶水。

36. 常用的单股铜芯线的截面积为：1.5mm²、（2.5）mm²、（4）mm²、6.0mm²。

37. 人体能承受的安全电压是（36）V。

38. 常用的 PVC 电线管直径规格有（16mm）和（20mm）。

39. 电源配选导线时，应符合设计要求，所用导线截面应满足用电设备、用电器具的最大（输出）功率。

40. 塑料电线保护管、接线盒必须使用（阻）燃型产品。强弱电线管交叉时，在交叉处包（锡纸）做屏蔽抗干扰措施。

41. 安装灯具时，（零）线进灯头，（相）线进开关。

42. 墙面砖粘贴完，用专用直角尺检查，阴阳角方正允许偏差（3mm）。

**给水排水题目**

43. 面对水龙头，冷水在（右），热水在（左）；阀门的安装位置应便于维修及使用。

44. 淋浴混水阀安装应平正，中心间距等于（150）mm。

45. 冷热水管穿过隔墙、楼板要加装（铁套管）。

**木工题目**

46. 轻钢龙骨吊顶吊筋间距为 900～1200mm，主龙骨布置方向通常为沿房间长向布置，间距不大于（1000）mm，主龙骨悬挑长度不大于（500）mm。

47. 轻钢龙骨隔墙用的龙骨分为天地龙骨、（主）龙骨和（副）龙骨。

48. 潮湿处安装轻质隔墙应做防潮处理，需在扫地龙骨下设置用混凝土或砖砌的地枕带，一般地枕带高度不低于（120）mm，宽度与隔墙宽度一致。

49. 细木工板材规格一般是（2440）mm×1200mm×（18）mm。

50. 石膏板应在自由状态下安装固定，每块板均应从（中心）向（四周）呈放射状固定。

**瓦工题目**

51. 卫生间防水层应从地面延伸到墙面，高出地面 300mm，淋浴墙面的防水层高度不得低于（1800）mm，浴缸、水盆处墙面防水层高度不得低于（1500）mm。

52. 防水为了确保万无一失，除表面涂膜足够厚外，重点部位还要加做一层，这些重点部位主要包括（墙面与地面交接处）、（各种管路根部处）、（安装过门石处）、（下水管四周处）等。

53. 墙砖镶贴时，同一面墙不得有超过（2）排非整砖，不得有小于（1/2）宽度的墙砖上墙。

54. 各种陶瓷类器具不可以使用（水泥砂浆）固定、底座窝嵌。

55. 水泥砂浆抹灰工程应分层进行，当抹灰总厚度≥（40～50）mm 时，应采取加强措施。

56. 不同材料基体交接处表面的抹灰，应采取防止开裂的加强措施，当采用加强网时，加强网与基体的搭接宽度不应小于（150）mm。

57. 闭水试验水深最高点不低于（2）mm，时长不低于（24）h。

**综合题目**

58. 乳胶漆工程中根据墙面平整度误差大小不同，可以采用不同的找平材料（水泥砂浆）、（石膏板）、（底层石膏）或（耐水腻子）进行找平处理。

59. 匹配布线规定：相线与零线的颜色应不同，同一住宅内相线颜色应统一，宜用（红）色，零线宜用（蓝）色或（黑）色，保护线必须用（黄绿双）色。

60. 管内导线截面积不超过管内径截面积的（40）%。

# 8.6　家装防水专业知识问答题

1. 家庭装修为什么必须进行防水处理？

答：家庭装修，需要对水电线路进行改造，会破坏原来的防水层，有发生渗漏的隐患，而渗漏会对混凝土钢筋产生锈蚀，降低建筑结构的安全性，因此为了建筑的安全以及避免邻里纠纷，家庭装修必须要进行防水施工。

2. 家庭装修防水主要需处理的部位有哪些？

答：家庭防水主要施工部位有卫生间、厨房（老房有需求时）和阳台（有需求时）的墙地面，一楼和地下室等相关场所，都需进行墙地面的防水防潮处理。

3. 为什么卫生间必须进行防水处理？

答：卫生间是家装中重点防水区域，因为日常洗漱与方便，卫生间长期都处于潮湿的状态，因此墙面与地面都必须进行防水保护，一般建议卫生间墙面防水做到 1.8m 高度，避免淋浴水浸透墙体造成墙体霉变、装饰涂料或面砖脱落等问题产生。对于卫生间改造或自建的轻墙体，建议防水高度做到墙体顶部。

4. 市场上防水材料众多，适合家庭装修使用的有哪些？

答：目前建材市场上主要防水产品且适合家庭使用的有：聚氨酯防水涂料、丙烯酸防水涂料、高分子聚合物防水涂料、水泥砂浆类防水涂料。

5. 聚氨酯防水材料的产品功能是什么？

答：聚氨酯防水材料是目前综合性能最好的防水涂料之一，该产品具有良好的物理性能，粘结力强，涂膜坚韧、拉伸强度高、延伸性好，能克服基层开裂带来的渗漏，且具有较长的使用寿命。

6. 丙烯酸防水材料的产品功能是什么？

答：丙烯酸是最早也是最多应用在环保漆与涂料上的材料，此材料可加水稀释使用，材料本身无色无味，后期可根据需求添加着色剂调配颜色，结膜后具有相当的弹性与延伸性，且价格适中，是家庭装修防水首选材料。

7. 高分子聚合物防水材料的产品功能是什么？

答：高分子聚合物防水材料是由高分子聚合物乳液与各种添加剂优化组合而

成的双组分防水涂料，是一种兼顾刚性与柔性的防水材料，具有环保、与基面粘贴牢固、干燥快等特点。

**8. 灰浆类防水材料的产品功能是什么？**

答：灰浆类防水涂料属于水性涂料，产品无毒无污染，是环保型涂料，可直接在混凝土表面进行施工，不受基层含水率限制，干燥快，凝结时间短；由于该材料属于刚性涂料，成膜缺乏弹性，一般适用比较稳定的部位。

**9. 为什么普通家装防水不用卷材产品？**

答：因为家庭装修防水以厨房、卫生间的防水为主，而厨房卫生间的面积相对不大且管道较多，使用卷材较难施工，卷材防水工艺要求复杂。成本也更高，因此家装防水常规不使用卷材产品。别墅改造多用到防水卷材。

**10. 国家标准、国家行业标准常见的防水涂料技术标准有哪些？**

答：刚性防水执行标准：

（1）《水泥基渗透结晶型防水材料》GB 18445—2012；

（2）《聚合物水泥防水砂浆》JC/T 984—2011；

（3）《聚合物水泥防水浆料》JC/T 2090—2011。

柔性防水标准：

（1）《聚合物水泥防水浆料》JC/T 2090—2011；

（2）《聚合物水泥防水涂料》GB/T 23445—2009；

（3）《聚合物乳液建筑防水涂料》JC/T 864—2008；

（4）《聚氨酯防水涂料》GB/T 19250—2013。

**11. 刚性和柔性的防水材料有什么区别？它们各自适用的场景是什么？**

答：刚性与柔性防水材料两者成膜后特性不一样，刚性防水材料在形成防水层后，具有很高的抗压抗渗能力，但材料本身不具备延伸性，不宜用在振动幅度较大、较频繁的部位；柔性防水材料具有较好的弹塑性、延伸性，能适应结构的部分变形。

**12. 墙地面加固剂与界面剂功能是否一样？**

答：墙地面加固剂适用于各类墙、地面基层的界面硬化、防潮处理的墙地面加固施工，而界面剂主要作用是提升基材表面的强度，提高附着力，降低贴砖空鼓情况的发生。

**13. 选购防水材料需关注哪些方面？**

答：由于目前建材市场管理未完善，市场上很多假冒伪劣产品，消费者在购买防水产品前应选择较为知名的品牌进行购买，且应尽量前往该品牌的专卖店或官网选购，避免购买到假货；另一方面在选择品牌时要注意该品牌是否能提供完善的售前、售中与售后服务，且须关注该产品相关环保认证与产品合格证等证书。

14. 各类防水材料性价比如何？

答：市场上销售各类防水涂料各有优势，消费者可根据自身的需求进行选择购买。聚氨酯防水材料是各类涂料中综合性能最好的，但施工周期较长，价格也相对较高；丙烯酸防水材料涂膜性能也较好，价格也适中，为一般家装防水主要选择的材料；高分子聚合物防水材料是一种刚柔并济的涂料，产品环保无毒；防水灰浆涂料较为经济实用，但由于其是刚性防水材料，振动较大的部位不适用。

15. 各品牌产品都能达到防水效果，是否可以随便买？

答：不建议随便购买，防水材料除了防水的基本功能外，材料的耐久性、环保性、相容性等都是需要考虑的问题，而不同档次品牌的产品有着本质的区别，总而言之对于非专业的普通消费者，在选购防水材料时建议尽量购买行业较为知名的品牌产品，降低风险。

16. 如何分辨产品优劣、真伪？

答：通过产品的外包装，观察印刷是否清晰，产品名称、规格、产地、合格证等相关信息是否齐全，另外大多数品牌均有防伪标识，可通过此作进一步判断。

17. 家装防水施工基本步骤是什么？

答：家装防水施工步骤基本可分为：基层处理、细部节点处理、防水底涂、大面积涂刷、闭水测试、做保护层。

18. 防水施工哪个步骤需要重点关注？

答：防水施工中，需重点关注的是基层处理和后期保护两个步骤。因为前期基面如处理不好，后面涂膜的步骤将很容易出现问题，而后如不做保护工作，防水涂层容易遭受破坏，也就无法起到防水效果。

19. 防水施工前基面处理具体施工步骤是什么？

答：（1）仔细清除基面浮尘，保证基面的干净、湿润、无油污。

（2）针对基面上孔隙、裂缝等，用水泥砂浆进行修补抹平，保持基面的平整。

（3）基面阴阳角使用堵漏产品（如堵漏王）修成圆弧状。

20. 影响防水层施工效果的因素有哪些？

答：（1）施工前的基面处理是否干净；

（2）细部节点部位处理是否细致；

（3）防水部位是否全面；

（4）防水层施工是否严格按照产品说明进行涂刷；

（5）施工完毕后是否对防水层进行养护。

21. 细部节点处理有哪些需要注意的地方？

答：在进行细部节点处理时要细致，墙面与地面的接缝处、阴阳角、水管、地漏和卫生洁具的周边及铺设冷热管的沟内是重点防水部位。

22.防水涂料涂刷方法有哪些?

答:(1)刮涂法,使用玻璃钢刮刀、牛角刮刀、塑料刮刀、硬胶皮片等金属或者非金属手工刮涂工具,将物体表面各种厚浆型防水涂料或者缝隙等多余的部分刮涂掉。

(2)辊涂法,一般适用于墙壁施工。

(3)刷涂法,施工较为方便,适用所有形状的物件涂刷施工,但效率较低,有时涂层表面留有刷痕,影响涂层装饰性。

(4)喷涂法,用喷枪将涂料雾化后喷洒到物体表面,喷涂后的涂层质量均匀,生产效率高,但喷涂过程中会有部分涂料被浪费,相对施工成本也较高。

23.后期养护需要注意的事项是什么?

答:后期养护需注意按照产品说明的时间,对防水层做好保护措施,避免踩踏、雨淋、潮湿等因素的影响。

24.防水施工适宜的环境是什么?

答:一般防水施工较为适宜在干燥通风的环境下进行,避免在雨雪天气下进行施工作业,环境温度控制在 5 ~ 35℃之间。

# 8.7　家装瓷砖胶粘剂专业知识问答题

1.瓷砖胶粘剂是由哪些主要成分组成的?

答:水泥、细砂、无毒胶粘剂、多种添加剂等。

2.用瓷砖胶粘剂替代水泥、砂子粘贴瓷砖能避免产生哪些问题?

答:能避免产生瓷砖空鼓、脱落、开裂等问题。

3.普通水泥砂浆可粘贴的瓷砖类型?不能粘贴类型是什么?

答:水泥砂浆能粘贴高吸水率的室内各类瓷砖;不能粘贴低吸水率的瓷砖。

4.对于"地砖上墙"是否应该使用瓷砖胶粘剂进行粘贴,为什么?

答:应该使用瓷砖胶粘剂进行粘贴,因为地砖一般都属于低吸水率瓷砖,使用传统的水泥、砂子无法粘贴牢固。

5.使用瓷砖胶粘剂贴瓷砖,瓷砖用泡水吗?

答:不用,只需用湿布将瓷砖背面的灰尘擦掉即可。

6.为什么叫瓷砖胶粘剂薄贴法?

答:相对于传统水泥砂浆 15 ~ 25mm 的粘贴厚度,瓷砖胶粘剂厚度在 3mm 以上就能满足粘结强度要求,所以称为薄贴法。

7.使用胶粘剂薄贴法对基层平整度的要求是什么?

答:使用 2m 靠尺及垂直尺检查基层的平整度及垂直度,基层平整度及垂直度偏差应小于 4mm。

8. 使用胶粘剂薄贴法对基层强度有何要求？

答：基层必须坚实，无起砂及空鼓、起壳问题。

9. 使用胶粘剂薄贴法贴砖对基层吸水率有何要求？

答：贴砖前应检查基层的吸水率，当基层吸水率很高或高温气候施工，建议施工前夜洒水润湿基层，瓷砖粘贴前基层应无明水。

10. 使用胶粘剂薄贴法对基层清洁程度有哪些要求？

答：基层必须无油污、无浮灰。

11. 瓷砖胶粘剂在搅拌过程中是否可以加入水泥、砂子？

答：不可以，加水泥、砂子是违规的做法，目的是省料省费用。

12. 瓷砖胶粘剂在搅拌过程中是否必须使用电动搅拌器？是否可以使用铁锹进行搅拌？

答：必须使用电动搅拌器进行搅拌；不可以使用铁锹进行搅拌。

13. 瓷砖胶粘剂如何正确搅拌？

答：（1）先将清水加入容器内，再将胶粘剂逐量加入。

（2）将胶粘剂和水充分搅拌至润滑均匀，无明显块状或糊状结块。

（3）将搅拌后浆料静置 5 ~ 10min，以增强浆料和易性，使用前再搅拌一次。

14. 搅拌好的瓷砖胶粘剂多长时间内可使用？

答：常规在 3 ~ 4h 内。

15. 用瓷砖胶粘剂把瓷砖粘贴后，在多长时间内可调整瓷砖的位置及缝宽？

答：常规瓷砖胶粘剂是 15min 内。

16. 胶粘剂刮到墙上后，为避免胶粘剂表面成膜，需在多长时间内贴上瓷砖？

答：15min 内。关注查看使用说明内容。

17. 如果瓷砖胶粘剂粘贴厚度为 5mm，每平方米胶粘剂用量是多少？

答：常规用量约 $8kg/m^2$。瓷砖胶粘剂的每平方米 /1 毫米厚度的用量约 1.6kg。关注查看使用说明内容。

18. 如何用齿形抹刀进行胶粘剂粘贴施工？

答：（1）使用齿形刮刀将胶粘剂批抹于基层上。

（2）用齿形刮刀带齿的一边梳理胶粘剂，使厚度均匀一致。

（3）在瓷砖背面薄批一层胶粘剂，充分批满瓷砖背纹。

（4）将瓷砖粘贴到基层，充分揉压，调节平整度并对好缝隙。

19. 市场上常见的瓷砖胶粘剂有哪些品牌？

答：常见的有汉高、希凯、德高、圣戈班伟伯等品牌。

20. 瓷砖铺贴完工后，间隔多长时间可以进行填缝施工？

答：间隔 48h 以上可以进行填缝施工。

21. 嵌缝剂的正确搅拌方法？

答：（1）将粉状嵌缝剂逐量加入预先准备的清水内。

（2）将嵌缝剂与水充分搅拌至润滑均匀。

（3）将搅拌后待施工浆料静置 2～3min，再稍加搅拌，即可使用。

## 8.8　瓷砖及填缝剂、美缝剂知识问答

### 8.8.1　瓷砖类知识

1. 什么是抛光砖？

答：它是直接在烧制的通体砖胚体上面进行抛光和打磨，因为刚烧出来的砖体表面是一层不平且封闭的小气泡，然后通过抛光把砖弄平了，这时候小气泡也就张开了，所以有些厂家就会在上面补上一层防污层，还有水蜡，最后是通过纳米的技术把它磨平了，表面纹理比较单一，颜色单调素雅。

2. 什么是抛釉砖？

答：它与抛光砖有点类似，只是在抛光砖的基础上加了印花和施釉，这些釉不会深入到砖体，所以砖的表面有一层非常薄的釉面层，釉面图案丰富、色彩艳丽、光滑明亮，所以抛釉砖具有抛光砖及仿古砖的两种优点。

3. 抛光砖与抛釉砖品质比较？

答：（1）视觉上两种砖美观性比较

抛光砖的图案和纹理比较单一、素雅。因为它在胚体的时候就已经固定了颜色和纹理。而抛釉砖的花纹丰富，颜色多彩。从消费者角度看，抛光砖是简单大方、素雅，而抛釉砖是花纹美观、颜色华丽。可以从整体家装设计格调上、色彩喜好上进行选择。

（2）在防污性能上的比较

抛光砖因其表面可能会有小泡，易造成瓷砖污染、出现花斑。当生活有茶水、菜汁撒倒地上，就不易清理整洁。目前，部分厂家，通过技术手段，在抛光砖上面加一层防污层，但使用时间不是很长，要看平时保养和清洁程度而定。抛釉砖它的表面是经过印花和施釉，就不会有小气孔，在防污性能上抛釉砖要比抛光砖耐用。

（3）在耐磨性能上的比较

抛釉砖上面有一层釉，这层釉非常亮且薄，而抛光砖因为是在胚体上直接进行的抛光及打磨，它十分坚韧耐磨，所以抛光砖比抛釉砖耐磨。

（4）价格比较

结合第二、三点的原因，以及两者砖的制作工艺，即抛光砖简单，抛釉砖复杂，考虑综合因素决定抛釉砖价格更高。抛光砖属于中档产品，抛釉砖属于中高档产品。

**4. 什么是瓷砖吸水率？为什么非常重要？**

答：吸水率对瓷砖铺贴，是一个非常重要的物理指标，它关系到铺贴采用什么方法，以及使用什么铺贴材料。

瓷砖对于水的吸附作用，即是陶瓷制品中的开口气孔吸附水的质量与制品质量的百分比。吸水率低的产品强度大，不易膨胀，紧密坚硬，稳定性比较高，不容易藏污纳垢，便于清理，但造价高成本高。吸水率高的瓷砖密度相对稀疏，吸水后，会产生一些热胀冷缩的现象。铺贴工艺掌握不好，导致墙砖膨胀、开裂、但价格适中，适合城市的广大普通住宅和乡镇住宅。

从施工质量的角度，吸水率高的瓷砖用普通水泥砂浆铺贴，而吸水率低的瓷砖需要更有黏度的瓷砖胶粘剂，才能保证牢固质量。

**5. 瓷砖测试吸水率简单方法？**

答：滴水法：在瓷砖背面倒一些水，静置 5min 后观察水的扩散以及吸收情况，完全没有扩散或者吸收速度很慢，说明吸水率低。

轻巧瓷砖：用手轻敲瓷砖，如果声音是清脆的，说明吸水率低。

**6. 常规瓷砖吸水率的标准指标？**

答：地砖一般国家通用标准：3% ≥地砖吸水率≥ 0.5% 属于合格；

墙砖一般国家通用标准：12% ≥墙砖吸水率≥ 3% 属于合格。

**7. 设计师给出住宅各个区域采用何种瓷砖的建议是什么？**

答：厨房墙砖：光面、抗油污性能好、耐磨，建议釉面砖。

厨房地砖：耐磨、防滑，建议抛光砖、通体砖。

卫生间墙砖：亚光、防潮，建议釉面砖。

卫生间地砖：防滑、耐磨、吸水率低，建议抛光砖、通体砖。

客厅墙砖：耐磨、耐染性强、易清洁，建议玻化砖、抛光砖、通体砖。

客厅地砖：光面、耐擦洗，建议瓷片、全抛釉。

阳台用砖：可参照客厅选砖。宜用物美价廉普通瓷砖。

**8. 大理石瓷砖与全抛砖品质比较？用哪个好？**

答：外观上：大理石瓷砖之所以称为大理石瓷砖，是因为此类瓷砖拥有天然大理石般的纹理、色泽，具有大气、高雅、奢华的特质。而全抛釉瓷砖的花色、纹理丰富多样，也包含了各种的石材纹理。此外，它还是一种光泽度高，表面质感光滑平顺的瓷砖。在居室或者各类场所中，具有彰显气质的装饰效果。从外观上看，两种瓷砖区别不大，可以从表面光泽度上进行鉴别，全抛釉瓷砖亮度较高，且非常光滑；大理石瓷砖的表面光泽度较为接近天然大理石，表现光泽度较为淡雅。

生产工艺：生产出纹理自然、逼真的大理石瓷砖，主要是通过纯熟的印花工序实现了花纹完美呈现在瓷砖表面。目前大理石印花方式有三种：喷墨打印、丝网套印、喷墨打印与丝网套印相结合。随着科技发展，现在利用于生产大理石瓷砖的技术逐渐提高。全抛釉在生产时是主要采用仿古砖坯和抛光砖坯，在两种砖的表面施加釉料加工而成的一种砖体，釉料的质量通常是瓷砖质量的关键。另外，对釉面的抛光技术也是生产工艺中不可落下的一个工序，现在普遍采用的是软磨头抛光，使产品达到细腻的质感。

产品优势：大理石瓷砖的产生，使人们对天然大理石的需求不断下降，大大减少了人们对天然石材的破坏，从一定程度上体现了它的环保性。另外，相比于天然大理石，大理石瓷砖的制造成本低很多;而且,同批次的大理石瓷砖花色统一，对居室装修起到了很好的装饰作用。全抛釉生产时采用的是抛光砖坯和仿古砖坯，所以它将二者的优点结合到了一起，其优点显而易见。它的花色多种多样，具有较强的装饰效果，适用范围广。

大理石瓷砖一面市，就大受消费者欢迎。当然相对于普通的全抛釉来说，大理石瓷砖的价格还是普遍比它高的，因为要把大理石的外观和纹理给模仿像，是一件比较复杂的工艺生产过程。大理石瓷砖和全抛釉面砖具体采用哪个好，还是要看装修的成本预算以及家装整体风格。

## 8.8.2 填缝剂、美缝剂知识问答

1. 瓷砖留缝的功能性价值?

答：(1)留缝（图8-1）铺贴，能体现线与面之间的美感。

(2)瓷砖是物理性质稳定的材料，但较大的温度变化会使瓷砖和粘结材料出现伸缩，一旦砖缝太小不足以作用力伸展，瓷砖之间就会相挤。瓷砖与瓷砖之间不留缝，易发生"起鼓"或者"开裂"甚至脱落等问题，非常影响美观度。

(3)瓷砖在生产中也会存在非常微小的误差，不留缝在铺设时很容易出现不平整的现象，影响整体美观。

(4)实际在铺贴时，操作人员也会出现小失误的时候，砖与砖之间无缝就很难进行修正，相反有缝的话只要调整有偏差的那几块砖就可保证平整的质量。

图8-1

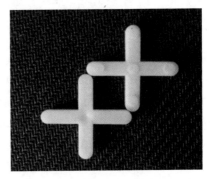

图8-2

2. 瓷砖缝隙留多大比较美观?

答:(1)厨卫的墙砖:铺贴留缝在 1.5 ~ 2mm。可以用瓷砖定位器留缝隙,又称瓷砖十字架、瓷砖卡子,采用十字架留缝是最精确的。

(2)仿古砖、亚光砖:需要留缝在 3 ~ 5mm 左右。很多欧式复古效果的家装,采用的仿古砖,要尽量留大一些,然后勾缝用"美缝剂"勾缝。

(3)抛釉砖、全抛釉、微晶石:铺贴留缝在 1.5 ~ 2mm 左右。地砖的缝隙一般不会太大,如果太大的话,很容易积累污垢,影响清洁。

(4)瓷砖的专用十字架(图 8-2):瓷砖十字架宽度有 1.5mm、2mm、3mm、5mm 等,使用十字架可以让瓷砖接缝平直、大小均匀。如果瓷砖是在冬期进行铺贴,应注意留缝要稍微加大,防止热胀冷缩,填缝会互相挤压。

3. 什么是填缝剂?

答:填缝剂以白水泥为主料胶乳与一定的无机染料搅拌而成。白色的白度在 86% 左右,表层强度要略高于白水泥,价格适中。效果如图 8-3、图 8-4 所示。

优点:粘合性强、收缩小、抗压力、耐磨损,具有防裂纹的柔性,价格较便宜。

缺点:色泽较暗淡,施工和使用过程易染脏黑,强度低,掉粉末不防水。潮湿场所如卫生间厨房缝隙渗水后会有异味和霉菌产生。

图 8-3

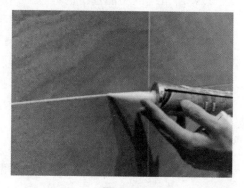

图 8-4

4. 什么是美缝剂?

答:美缝剂是新型的有机材料,其主要由高科技含量的高分子聚合物加高档颜料及特种助剂精配制而成,白度在 95% 左右,表层强度高韧性好。优点:色彩艳丽,光泽度高,适合与各种色彩瓷砖搭配。具有防水、抗渗、不沾油的特性,不易脏黑和滋生霉菌。缺点:硬度低,保护层薄,价格较高。

5. 家装常用美缝剂颜色是什么?(图 8-5)

答：

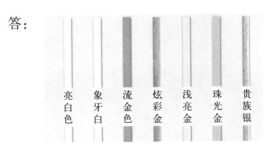

亮白色　象牙白　流金色　炫彩金　浅亮金　珠光金　贵族银

**图 8-5　家装美缝剂颜色**

6. 瓷砖美缝，可否用填缝剂打底？

答：从成本上考虑的话，用"填缝剂打底＋美缝剂"的方式比较经济划算；只是在宽缝中采用。如果不考虑成本因素，直接全部用美缝剂，其粘结度和保持年限更加长久。

7. 装修铺贴好，什么时间做美缝比较恰当？

答：常规不一定要在铺贴瓷砖后马上做。一定要等水泥砂浆完全固化后再做。做之前一定要把瓷砖的缝隙清理干净。另外，"美缝"时要注意保持干燥，固化前不能沾水，否则易导致美缝剂变色。对于新房来说，瓷砖缝隙最好用"美缝剂"，只需少量地涂抹在砖缝表面，能较好地解决瓷砖缝隙脏黑的难题，打扫的时候也很方便。